做得恰到好处

孙锴 / 编著

Qia Dao Hao Chu

做人、做事是需要技巧和智慧的。会做人，做好人，才能行得正、走得远，充分实现自我的人生价值；会做事，做好事，才能把难办的事尽可能办好，从而取得骄人的成绩。要想活得好，就要做得好，做人有技巧；要想成就高，也要做得好，做事有绝招。

中国华侨出版社

图书在版编目（CIP）数据

做得恰到好处/孙锴编著.—北京：中国华侨出版社，2010.11
ISBN 978-7-5113-0900-6

Ⅰ.①做… Ⅱ.①孙… Ⅲ.①成功心理学—通俗读物
Ⅳ.①B848.4-49

中国版本图书馆CIP数据核字（2010）第228441号

● **做得恰到好处**

编　著	孙　锴
责任编辑	梁兆祺
经　销	新华书店
开　本	710×1000毫米　1/16　印张15　字数200千字
印　数	5001-10000
印　刷	北京一鑫印务有限责任公司
版　次	2013年5月第2版　2018年3月第2次印刷
书　号	ISBN 978-7-5113-0900-6
定　价	29.80元

中国华侨出版社　北京市朝阳区静安里26号通成达大厦3层　邮编100028
法律顾问：陈鹰律师事务所
编辑部：（010）64443056　64443979
发行部：（010）64443051　传真：64439708
网　址：www.oveaschin.com
e-mail：oveaschin@sina.com

前言
PREFACE

无论是政坛精英，还是商界巨子；无论是高官贤达，还是市井百姓，那些能成就一番事业的人，都是掌握了做人、做事恰到好处的人。做人、做事其实很简单，只要你掌握了其中的方法和技巧，别人就容易接纳你、尊重你、帮助你、满足你，从而让你心想事成，在成功的道路上风雨无阻！

做人有魅力，做事讲能力，要领悟恰到好处之智慧，这样，处世必能和谐圆融，事业必将抢占先机。

做人、做事是需要技巧和智慧的。会做人，做好人，才能行得正、走得远，充分体现自我人生价值；能做事，做好事，把难办的事尽可能办好，才能创造骄人的成绩。

做人、做事是每个人都无法回避、亦不可回避的生活问题。自古以来，人们把处世当做一门重要的学问，热衷于寻找善于做人、做事的方法，其中不乏精妙之说与有用的实践引证。

做人不懂恰到好处，就不会受人欢迎；做事不懂恰到好处，就

不能把事情做得尽善尽美。做人的价值是在做事中不断实现的。做人讲究谋略，善于审时度势、张弛有道，才能在社会竞争中立于不败之地，在人际交往中游刃有余，左右逢源；做事稳稳当当，尽量不要做超出能力之外和无把握的事，不能盲目执著，否则你就很容易犯错误，甚至处处碰壁。

世上没有一成不变的为人处世的招术，本书能为你在做人中提升自己的品位，在做人、做事中获得成功。

恰到好处，正是处世最根本的需要，也是体现智慧的最佳状态。才能不要傲尽，留一点内涵给自己；功劳不要邀尽，留一点谦让给自己；道理不要抢尽，留一点宽容给自己；富贵不要享尽，留一点福泽给自己；恩宠不要恃尽，留一点后路给自己；责人不要苛尽，留一点度量给自己。

《做得恰到好处》集前人经验之大成，通过大量贴近生活的事例，从平常为人处世的点滴小事入手，详尽地介绍了做得恰到好处的技巧，操作性强，是为想要提高做得恰到好处的你量身定做的一本好书。你可以把本书当做如何做到恰到好处的指南。巧妙地运用恰到好处的技巧，把原本不可能的事变成可能；把原本弄糟糕的事理出头绪；把已经做好的事做得更好！

相信这些技巧和方法一定可以为你的成功助一臂之力。在你的工作和生活中去尝试它、运用它、检验它，你会发现恰到好处让你纵行无阻！

目 录
CONTENTS

第一章　选择放弃恰到好处——优化选择，权衡放弃

学会恰到好处地放弃，是一种智慧、一种大度、一种豁达，更是经营人生的一种策略。生活并不需要那些无谓的执著，没有什么实在不能割舍。人生有太多的诱惑，不会恰到好处地放弃，只能在诱惑的漩涡中迷失自我。人生有太多的路口，不会恰到好处地放弃，就会在人生的十字路口偏离方向。人生有太多的无奈，不会恰到好处地放弃，就只能在苦苦挣扎中耗尽生命。

刹那芳华，取孰舍孰 …………………………………… 2
发现平衡点，果断地抉择 ……………………………… 5
懂得放下，掌握当下 …………………………………… 7
舍弃了一样，得到了另一样 …………………………… 9
不盲目固执，才是人生的捷径 ………………………… 11
放下需要勇气，更需要智慧 …………………………… 13

让生命之舟轻快地划行 ················· 16
肯舍，则之后必有得 ··················· 18
正视曾经的失去 ······················· 20

第二章 权利得失恰到好处——取舍权利，把握得失

  淡泊名利、无求而自得才是一个人走向成功的起点。古云："不为物累，高风亮节。"一个人如果把名利看得太重，就会让物质欲望、本能需求恣意膨胀；只有视个人名利淡如水的人，才能对"名"和"利"不存非分之想。名和利与我们每一个人都有一定的关系，对名利适度的追求，既无妨碍，也是人之常情，完全可以理解，可是，过分地去追求名和利，则是不可取的，也是十分错误的。心存过度的功名利禄思想，将会使你产生脱离实际、不安于现状的急躁情绪，只会影响你的工作、学习和生活。

失去意味着更好地得到 ················· 24
视功名利禄如浮云 ····················· 26
看淡名利，耐住自己的本性 ············· 29
不刻意追求利禄，远离虚浮之事 ········· 33
名是缰，利是锁 ······················· 35
名誉及利益，愚人所爱乐 ··············· 39
把得意当无意是高手，把得意当失意是圣人 ··· 42

第三章 屈伸之道恰到好处——耐心坚守，灵活变通

  忍耐是一种魅力，是恰到好处的开始；忍耐是一门哲学，是你的生

存之道；忍耐是一种精神，是你的登顶之作。忍耐，是岩壁生长的青松，刚硬而坚强；忍耐，是大雪压弯的枝头，厚重而沉稳；忍耐，是冬雪初化的河流，隽永而长久。忍耐不是懦弱，而是一种自我控制的能力，一种审时度势的智慧，一剂保全自己的良方，一种主动收缩的调整，一种经历挫折的持重，忍耐让人生不断蜕变。面对种种的不如意，多忍耐一些，才会收获恰到好处的人生。

　　理性地妥协，隐性地忍耐 ·············· 46
　　智忍成就人生，愚忍削足适履 ·········· 47
　　多一分耐心，少一分伤害 ·············· 50
　　培养忍耐力，不轻易发怒 ·············· 52
　　忍耐嘲讽，举世瞩目 ·················· 54
　　守柔不争，得天庇护 ·················· 56
　　"屈"是"伸"的积蓄阶段 ············ 58

第四章 竞争合作恰到好处——适度竞争，精诚合作

　　竞争的最终目的如果只是为了得到一个你死我活的结局，那就是一种最原始、也最不人道的竞争了。合作要想恰到好处，竞争何不也换一种方式呢？如果竞争的双方能够在竞争中达成共赢，下一盘和棋，双双获利，不是更好吗？

　　互惠互利，利人利己 ·················· 62
　　以竞争推动进步，以共赢达到目标 ······ 64
　　把双赢作为长富之道 ·················· 66
　　双方以诚相待，双赢才有保障 ·········· 69

恶性竞争，害人害己 ·· 71
同行未必是冤家 ·· 73
和为贵、合则全 ·· 75
掌握正确的合作方法 ·· 78

第五章　进取退让恰到好处——锐意进取，有效退让

　　人生固然需要进步、进取……但很多时候，我们还需要学会"退"。进和退如阴阳之行，是随时处在运动变化之中的。退中有进，进中含退。退时当思进，进时当思退。进的时候，我们不能一味地高歌猛进，而要为自己想一想退的余地；退的时候，我们也不能畏怯地一退到底，而是以退为进，为自己留下再次前进的"桥头堡"。你让人、人敬你，和谐的关系自让步中来，事业的顺利自让步中来。一个人什么时候学会以弱示人、让人一步，其恰到好处的境界便会更上一层楼。

妥协一时而成就大业 ·· 82
向对手投降，不必拼个你死我活 ····································· 84
主动让步并非示弱的表现 ··· 86
主角配角都能演 ·· 88
量力而行，进退自如终获胜 ·· 91
只争不退必会撞得头破血流 ·· 93
直进受阻时，曲行也是一种策略 ···································· 95

第六章　聪明圆滑恰到好处——表现聪明，减少圆滑

　　谦逊是一种智慧，是一种良好的品格，同时也是一种恰到好处的策

略。任何人都不会对骄傲与狂妄之人产生好印象，更不愿与他们交往，为此，只有谦逊的人，才能赢得人们的尊重，受到人们的欢迎，并构建起良好的人脉。

不可轻视每一个对手 …………………………………… 100
过于自满，就会失去自己的功劳 …………………… 103
争强好胜者未必能够掌握真理 ……………………… 105
为人处世，不妨看轻自己 …………………………… 107
卖弄学问只会自取其辱 ……………………………… 110
骄矜的对立面是谦恭、礼让 ………………………… 112
摒弃虚伪的谦虚 ……………………………………… 114
个性不必太张扬 ……………………………………… 116

第七章 尊重宽容恰到好处——彼此尊重，相互宽容

尊重、宽容、包容是恰到好处的必修课，人生在世，矛盾无处不在。只要我们能够以豁达的心态去宽容、去理解，许多看似严重的问题其实也没什么大不了，许多看似尖锐的矛盾也会冰消雪融，最终你好、我好、大家好。以一颗尊重宽容之心去释怀那些成长印记里的日子，将心事交给清风浮云，不再辛苦经营那份烦恼和秘密，你就会感觉生活原来那么轻松自如，快乐就在你的前方向你招手，能更好地去面对自己的快乐人生。敞开心怀海纳百川，心如止水力挽狂澜，是恰到好处的最高境界，实现恰到好处的境界要像海洋一样包容。

用理解和原谅熬一服包容的汤药 …………………… 120
用包容超度苦，苦就会化成甘 ……………………… 122

友情也需要包容的阳光……………………………………124
恰到好处在于计较得少……………………………………126
学会为别人的过失找到原谅的理由………………………128
忘记仇恨,心灵才能自由平和……………………………130
宽厚待人,多为对方想一想………………………………132
给人面子,他会感谢你……………………………………134
严谨不等于面无表情、不讲人情…………………………137

第八章　助人乐人恰到好处——乐于助人,巧于乐人

恰到好处是什么?恰到好处是只求奉献、不计索取,给予别人的多,朋友才能多。朋友多了,得助才能多。说到底,给予是一种分享、是一种捐赠、是一种慈善。给予就是我们今天所大力提倡的"乐于助人"精神。人们只要乐善好施,幸福自然会来。一个人生活在世上,渺小如大海里的一滴水,但只要真心真意地去付出,即使是一滴水,也能折射出太阳的光芒,成为最美丽的风景。而自己,也会在这奉献中体会到快乐与幸福。

付出爱心,你就种下了希望…………………………………140
左手给予爱,右手收获爱……………………………………142
有德不必望感,施恩勿念回报………………………………144
无悔地付出乃是制胜之道……………………………………146
乐于善事,获得精神的财富…………………………………148
与人分享幸福,会得到更多的幸福…………………………150
"友善"就是幸福之源………………………………………151
分享财富是心灵上最大的幸福满足…………………………153

持续的奉献，永恒的快乐……………………………………155

真诚地付出关怀能聚敛无数人气……………………………158

第九章 欲望需求恰到好处——理性欲望，正当需求

能做到恰到好处的人完全有能力做欲望和金钱的主人，他们能够控制自己的欲望，能够合理地赚取和使用金钱。过于铺张或过于吝啬，都容易被金钱所驱使。对于金钱，恰到好处的人取之有道，而且把它用在有意义的事情上。不管在什么时候，他们都是金钱的主人，而不是金钱的奴隶。他们对自己拥有的东西感到满足与快乐，即使连最微小的期望都无法实现时，他们对目前的状况仍感到满足。其实人生在世，许多美好的东西并不是我们无缘得到，而是我们的期望太高，不要有太高的欲望，否则什么都得不到。恰到好处的人善于控制自己的欲望，懂得见好就收才是明智之举。

记住，其实你已经很富有……………………………………162

索求有度，轻松上路……………………………………………164

能看得淡、看得透………………………………………………167

平静而不扰，恬淡而无为………………………………………168

平和宁静源于淡泊寡欲…………………………………………170

欲望不能满足，贪念就没有止境………………………………172

冲出贪欲的束缚，拥有自由的天空……………………………174

快乐之道的根本在我们自己……………………………………176

第十章 读人阅人恰到好处——看清纷扰，无害交友

  人要立足于社会，就得有一双火眼金睛。人情世故当中，关键的因素是人，人的性格、品质、说话做事方式等千差万别，且常常以一种与事实不一样的面目出现，只有看得清、认得明，才能交对朋友做对事。选择朋友要经过周密考察，要经过命运的考验，不论是对其意志力还是理解力都应事先检验，看其是否值得信赖。常言道："人心难测。"在识人过程中，如果能够看穿别人的心思，就等于成功了一半。看穿别人的心思，特别是要看穿初次相识的陌生人的心思。这听起来几乎不可能，不过，掌握了正确的方法也就不会那么难了。

  识破面具后面的心思 …………………………………… 180
  细心地去品评、洞察他人 ………………………………… 182
  提防小人，才能避免受到伤害 …………………………… 184
  结交朋友需谨慎 …………………………………………… 187
  如何识别他人的谎言并使之说出真话 …………………… 189
  看穿虚张声势的人 ………………………………………… 192
  小心主动帮你忙的人 ……………………………………… 194
  找到"珠玑诤言"后面的真相 …………………………… 197

第十一章 恋爱婚姻恰到好处——谈情说爱，经营婚姻

  人生的各种不同的变故，是由循环不已的痛苦和欢乐组成的，那种永远不变的蓝天只存在于心灵中间，向现实的人生要求未免是奢望。童话般的国度是不存在的，不用太在意爱情或婚姻中遇到不顺的事情，要

"放眼量",想得开,做个豁达、洒脱的人。不珍惜生活中美好的东西,而无视那些不美好的,心情才会豁达开朗,生活才会更加丰富多彩。

爱情一旦逝去,再挽回已无济于事 ……………… 200
不要凭借自己的主观意愿去认识对方 …………… 203
在他放手的时候,你也同时松手 ………………… 205
不要恨你爱过的人 ………………………………… 208
家庭从战争到和平的心理策略 …………………… 209
忍让是幸福婚姻中的黏合剂 ……………………… 212
恩爱夫妻也要亲密有间 …………………………… 214
理智放手变味的婚姻 ……………………………… 217
结婚前睁大你的双眼,结婚后闭上一只眼 ……… 220
猜疑会让婚姻越来越累 …………………………… 222

第一章
选择放弃恰到好处
——优化选择,权衡放弃

学会恰到好处地放弃,是一种智慧、一种大度、一种豁达,更是经营人生的一种策略。生活并不需要那些无谓的执著,没有什么实在不能割舍。人生有太多的诱惑,不会恰到好处地放弃,只能在诱惑的漩涡中迷失自我。人生有太多的路口,不会恰到好处地放弃,就会在人生的十字路口偏离方向。人生有太多的无奈,不会恰到好处地放弃,就只能在苦苦挣扎中耗尽生命。

刹那芳华，取孰舍孰

人生在世，每个人都要面临很多选择，很多时候，难的不是绝处逢生，因为绝处逢生，是只有一条路，必须往前走；难的是，当你有很多选择的时候，该如何取舍。选择什么，舍弃什么，是一门学问。

因为很多时候，舍弃就是获得。人们常将"舍"与"得"合说成"舍得"，就是因为"舍"之东隅，"得"之桑榆。

如何取舍，才能让内心得到满足，才能最大限度感受到成就感？很多人，一生犹犹豫豫，把选择权交给父母、交给恋人，甚至交给宿命，于是迷迷糊糊走上一条他人为自己指定的人生道路，直到失去改变生活的梦想和勇气，才恍然大悟，一切都已经来不及，唯有遗憾。只有把取舍的权力留给自己，让自己去思考、去抉择，无论结果如何，都可以勇敢地去负责。

人的生命本就短暂，如果不懂取舍，胡乱迈出一步，也许将来就要后悔。

人要懂得取舍，因为选择的机会随时会出现，大到选择求学、就业、谈婚论嫁，小到一日三餐。常听到有人说："哎呀，我们老得太快，如果当初有现在的觉悟和聪慧该多好。"

我们都知道"鱼和熊掌不可兼得"的道理，可是当事情来临时，又总是会贪婪得欲求更多，这时我们往往忘记了"贪心不足蛇吞象"的典故。而真正聪明的人，他淡泊以明志，宁静以致远，从来不贪心地企图占据全部的好事，在信心满怀的时候，他懂得要舍弃一些给予他人，而用全部的精力去牢牢抓住对自己而言最重要的东西。这样的心你有没有？这样的沉静姿态你有没有？从现在开始，让我们学会做个快乐之人，把握良好心态，在我们的温馨世界里，把爱分给大家，把美好散播出去，也许，你给予他人的对你不重要的东西却是他人生命里的美丽水晶球。

智慧的人，要懂得沉静，沉静下来，叩问自己的内心，到底需要的是什么样的生活，究竟什么是自己最大的追求，最不可缺失的梦想？想清楚了，就勇敢地去做，勇敢地去舍弃绊脚石，勇敢地去选择真正属于自己的未来与人生。调整自己的心态，摆正自己的位置，舍旁枝，取主干，只有这样，才不留遗憾。

也许前路坎坷，也许你选择了之后，会有比原先艰难许多的波折，甚至让你后悔做了这个决定，怀疑自己是不是选错了。这个时候，请相信自己，当你考虑清楚并痛下决定的那一刻，必然是已经预料到了未来的艰险，并愿意为之付出、为之努力。

什么样的取舍决定什么样的生活。人生只有3天，昨天、今天、明天。今天的取舍决定明日的生活。

每个人的时间和精力都有限，必须做出一些取舍。在丰富多彩的社会中，只有懂得取舍，才能更好地拥有。人生无时无刻不面临着取舍，有时无关紧要，有时事关重大，有时面临生死。懂得取舍，是如此重要，取舍的正确与否有时关系到事业成败、家庭和谐，甚至个人的身心健康。

人生既漫长又短暂，能够决定一生命运的，只在那几步，当我们年轻时，当我们不懂取舍时，也许总是面临抉择，而当我们有能力选择的时候，往往已经没有多少选择的机会了，这是人生的悲哀。舍弃与获得是紧紧联系在一起的，为了能够获得更多、更长久，我们必须先学会正确、适时地舍弃。

泰戈尔说："世界上的事情最好是一笑了之，不必用眼泪去冲洗。"

第一章 选择放弃恰到好处——优化选择，权衡放弃

如果能对所有的忧虑和哀愁放得下,那就可称得上是智慧的"放",因为没有忧虑和哀愁的确是一种快乐。

中国有句古话说得好:"宠辱不惊,看庭前花开花落;去留无意,望天上云卷云舒。"让我们在"放得下"的意境中寻求快乐的真谛,共享人生无限广阔的天地。

风云变幻,世事无常。由于许多"不可抗力"和无法预料的因素,多少希望因此化成失望,多少快乐转眼成为悲伤。如果我们事事计较,总是怨天尤人,那人生将是何其的沉重?

然而,一旦看什么都不顺眼,干什么都不称心,幽怨过了头,那到最后伤得最重的还是自己。

就有一些这样的人,他们看世界永远看最糟糕的一面,想问题永远想最难解的症结,别人可以一笑了之的事情,在他们那里,就是天塌下来的大事儿。从社会风气到生活环境,从家庭纠纷到同事朋友的纷争,从马路塞车到刚买的衣服打了折,等等,无事不可生怨。

心生怨气,不仅拿别人的错误折磨自己,同时也拿自己的错误折磨别人,扰乱别人的生命节拍。抱怨太多,不仅会吞噬自己的生命之光,还会吞没友谊的绿树,吞没爱情的鲜花,吞没自己建造的乐园。无穷的抱怨,把快乐摒之门外,错过了身边的时光,辜负了宝贵的生命。

心生怨气的主要症结是对生命和生活缺乏感恩之心。想一想人生多么短暂,生命多么宝贵,还有什么理由为生活中的一些鸡毛蒜皮的小事儿而怨恨呢?生活是那样的多彩,即使有酷夏也会有阳春,即使有寒冬也会有金秋,相信走运和倒霉都不可能持续很久,何必要杞人忧天、坐困愁城呢?

再说,抱怨昨天,并不能改变过去;抱怨明天,同样不能有益于未来。与其徒劳无益地浪费时间,不如转变心态,寄放忧愁,化解怨气,采取积极的行动,做一些行之有效的努力。要知道影响人生的决不仅仅是环境，心态控制了个人的行动和思想，心态也决定了自己的爱情和家庭、事业和成就。

我国唐代著名医药家、养生学家孙思邈，活至102岁。他在论述养生良方时说："养生之道，常欲小劳，但莫大疲……莫忧思、莫大怒、莫悲愁、莫大惧……勿把愤恨耿耿于怀。"他指出这些心理负担都有损于健康和寿命。事实也是如此。有的人之所以感到生活得很累，无精打采，未老先衰，就是因为习惯于将一些事情吊在心里放不下来，结果在心里刻上了一条又一条"皱纹"，把"心"折腾得劳而又老。

辩证论治，对症下药。对于那些度量狭小的人，最简单可行的方法就是"放得下"。

的确，人生不可能一帆风顺。所以自从你有自我意识的那一刻起，你就要有一个明确的认识，那就是人的一辈子必定有风浪，绝对不可能日日是好日、年年是好年；所以当你遇到挫折时，不要觉得惊讶和沮丧，反而应该视为当然，然后冷静地处理、潇洒地放下。

就像宋朝女词人李清照所说的："才下眉头，却上心头。"拿得起而放不下可说是妨害健康的"常见病，多发病"。狄更斯说："苦苦地去做根本就办不到的事情，会带来混乱和苦恼。"

发现平衡点，果断地抉择

世间万物都有一个平衡点，事物之间也有平衡点，或称临界点。临界点之左之右都不是恰到好处，你能找到那个最佳的临界点吗？取舍之间就有这样的临界点。有时候取舍只在一念之间，悲喜也只在一念之间。

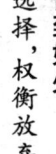

大部分的人总是容易陷入一个怪圈：这山望着那山高。其实你认为最好的东西是否一定适合你呢？你找到那个最适合你、最能平衡你生活的临界点了吗？可爱的人们，从现在开始，每天对着镜子告诉自己，身边的爱人是你今生最最完美的理想伴侣，目前已经选择的工作是你最最喜欢的工作吧。只有放下那山的风景，内心才能平衡，心灵才能宁静，心情才能舒畅，也才能真正感受到这山的关爱，感受到坦然与洒脱。

取舍间的智慧，全在一个"悟"字。佛家常常说一个人有"悟性"，说的便是一个人懂得取舍的智慧，知道何为可取之物，知道何为必舍之事，取舍之间，如蜻蜓点水，却恰到好处。一念之间，却把世事想透，不多取一分，也不胡乱舍弃。聪慧如此，必然幸福满怀，于是就常听人们说某某人好福气，却忘了自己其实也可以有"福气"，只是曾几何时，没有掌握好取舍间的尺度与智慧，于是最终只能艳羡他人。

如今尘世中的人们，大多"终朝只恨聚无多"，做什么都想赢，做什么都不肯舍弃一分一毫。纵观社会，横看人生，既有饿死、穷死的，也有撑死、富死的，甚至有窝囊死的；有人因祸得福，有人因福得祸……不胜枚举。何时该取，何时该舍？这个平衡点真是很难掌握，而天下也没有放之四海皆准的真理，我们能做的，就是根据此时、此地、此情、此景去综合权衡利弊得失。只要分析出利大于弊，即可做出取舍；而妄求只有利益，没有弊处，就永远选不对，心里永远不平衡。欲求太多的人，最不懂取舍间的玲珑智慧。

当然，也总有一些人，他们永不满足，将快乐建立在与人不断地搏斗争取之中，将目标不断地往远处推移。这种人快乐的可能小，但成就可能大。其实，快乐与不快乐全在个人，每个人的渴求不同，每个人的快乐源泉也不同，了解自己，取舍亦符合自己的内心满足，这便能快乐，也便拥有了取舍间的好心态。正如不爱珠宝的人，即使置身虚荣浮华之境，也无伤自尊；拥有万卷书的穷书生，对股票或钻石并没多大兴趣；满足于田园生活的清雅之人，从不羡慕任何荣誉头衔或高官厚禄……爱好即方向，兴趣即资本，性情即命运。而这一切的一切都来源于什么呢？来源于人掌握取舍的平衡点。睁开眼睛，仔细地去观察，你会发现，每一个快乐的人，都能掌握好取舍的平衡点，蕙质兰心，只轻悠悠舀一瓢自己心底最爱喝的那口茶。

作为人，什么样的人生最成功？没有定论，全看个人。非要一味概之，就落入愚蠢的窠臼。完全照搬那些看似风光的人的经验与路径，最终只会"舍"错人、"舍"错事，最后取得的人生，貌似自己曾经所羡慕和企求的，却无论怎样也高兴不起来，只有满怀的懊恼，甚至可笑。如果一定要给快乐的人生下一个定义，给一个框架，那便是：当一切尘埃落定，内心充盈，感觉到实实在在的快乐，而无视外界的眼光。

在这个平衡点之上，把握平衡点，去轻松地感受取舍之后的轻松与美好。人掌握了取舍的平衡点，脸上总是充满阳光般暖暖的笑意，他们对生活没有抱怨、没有哀叹，他们举重若轻，不多奢求一分，也不委屈自己。

懂得放下，掌握当下

每个人都想拥有很多"宝贝"，但你不可能什么都得到，在某些时候一定要学会拿得起、放得下。拿得起是勇气，放得下是度量；拿得起是可贵，放得下是超脱。人生最大的勇气是拿得起，生命最大的安慰是放得下。

在一次周年晚宴上，李嘉诚说了一句座右铭："好的时候不要看得太好，坏的时候不要看得太坏。"这句话是李嘉诚人生修炼最高境界的

体现，也就是"拿得起，放得下"。

歌德说："一个人不能永远做一个英雄或胜者，但一个人能够永远做一个人。"这里，"做一个英雄或胜者"，指的便是"拿得起"时的状态；而"做一个人"，便是"放得下"时的状态。一个人若是能活出这种状态，便可谓一个潇洒的人、一个智者。

不要感叹自己缺少什么，能够放下自己手里拥有的东西的人，才是一个真正有智慧的人。

因为放不下到手的职务、待遇，有些人整天东奔西跑，荒废了正当的工作；因为放不下诱人的钱财，有人费尽心思，结果常常作茧自缚；因为放不下对权力的占有欲，有些人热衷于溜须拍马、行贿受贿，不惜丢掉人格和尊严，一旦事情败露，后悔莫及。

在一本书名为《与神为友》的书中写道："我不会'抓紧'任何我拥有的东西！我学到的是，当我抓紧什么东西时，我就会失去它，如果我'抓紧'爱，我也许就完全没有爱，如果我'抓紧'金钱，它便毫无价值，想要体验'拥有'任何东西的唯一方法，就是将它'放掉'！"

其实，每天发生在我们生活周围的很多悲剧，往往就是由无法放下自己手中已经拥有的"东西"所酿成的：有些人不能放下金钱，有些人不能放下爱情，有些人不能放下名利，有些人则是不能放下不应该执著的执著。

然而，如果你能够领悟"放下"的道理，你将会有一种如释重负的感觉。因为只有懂得放下，才能掌握当下。更何况，人生在世，如果不能把一些不是很必要的东西放下，你的"人生行囊"将很快就没有空间去搁置你真正需要的东西。

对于人生道路上的鲜花与掌声，有处世经验的人大都能等闲视之，屡经风雨的人更有自知之明。但对于坎坷与泥泞，能以平常心视之，就非易事。面对大的挫折与大的灾难，能不为之所动，能坦然承受，这就是一种度量。佛家以大肚能容天下之事为乐事，这便是一种极高的境界。既来之，则安之，这是一种超脱，但这种超脱又需要多年磨炼才能养成。拿得起，实为可贵；放得下，才是做人的真谛。

有些自以为聪明的人常常会暗自庆幸自己拿了多少。事实上，他们才是最糊涂的。拿得越多，说明放不下的也越多。那么，背负的也就越多，活得也就越累。

倘若一个人，将一生的所得都背负在身，那么，纵使他有一副钢筋铁骨，也会被压倒在地。

什么时候学会放弃，什么时候便开始了成熟。我们都要学会放弃，放弃失恋带来的痛楚，放弃屈辱留下的仇恨，放弃心中所有难言的负荷，放弃耗费精力的争吵，放弃没完没了的解释，放弃对权力的角逐，放弃对金钱的贪欲，放弃对虚名的争夺……凡是次要的、枝节的、多余的，该放弃的时候都应放弃。

拿得起，放得下，就是要拥有一颗坦然的心，无论是得到的还是失去的，只要已经成为事实，就应该了却牵挂，顺其自然。放弃，是一种境界，是自然界发展的一种必由之路。漫漫人生路，只有学会放弃，才能轻装前进，才能不断有新的收获。

舍弃了一样，得到了另一样

著名作家贾平凹说："舍与得实在是一种哲学，也是一种艺术。"

舍弃是艰难的选择，舍弃是勇敢的承担，舍弃是一种忍耐，是一种智慧，更是一种艺术。《左传》中有句话：君以此始，则必以此终。你舍弃了一样，选择了另一样，就必须要承担你的舍弃与选择所带来的连

锁反应。懂得舍弃的艺术，领悟舍弃的智慧，你终将拥有更多的快乐。

人活一世，生不带来，死不带去，却平白中产生了很多不愿舍弃的东西。诸如"难舍"、"割舍"、"舍不得"等词汇，都体现了我们面对舍弃时的痛苦和无奈。然而生活的经验告诉我们，倘若不舍弃一些东西，势必造成生活的负累。当我们面临难以舍弃的抉择瞬间，勇于舍弃既是一种本事，也是一种现实需要，而善于舍弃更是一种处世艺术，而掌握这种艺术的关键，就在于一颗知足心，有了知足心，就能及早明白自己的底线在哪里，就明白舍与得是必然的，与其逃避，不如静默相处。得所能得，舍所能舍，得所必得，舍所必舍。

该舍弃时就舍弃，特别是当你已经明知不舍只会让痛苦扩大，不舍只会拖延青春，不舍只是味同鸡肋，此时此刻，更没有牢牢不放的理由。舍弃是一种睿智，舍弃得好，可以放飞我们的心灵，可以还原我们的本性，真实地享受惬意人生；舍弃是一种选择，没有明智的舍弃就没有辉煌的获得。舍弃的艺术，在于进退从容之间积极乐观的态度，在于前行路上不奢求、不贪婪的知足心，有这样的心态，就必然会迎来光辉的明天。

舍弃不是闭着眼睛抓阄儿过人生，也不是知难而退故步自封，舍弃其实是一种欲扬先抑，退一步来寻求主动、积极进取的心态。很多人不惜一切代价来求取成功，可失败依旧不可避免，希望越大失望越大。而倘若我们坦然处之，从平衡中得到平安，从经验中获得成长，就能松开握紧的拳头，去感受自在与活力。

舍弃是一门哲学，舍弃更是一种本事。没有能力的人、没有悟性的人，往往不懂舍弃或者胡乱舍弃。舍弃的艺术，说起来容易，做起来却很难。史学家晔哗说：天下皆知取之为取，而不知予之为取。如今太多人就是不知如何取舍，什么都不舍得放下，把握不住得失间的转化，只看眼前利益。而拥有知足之心的人，他懂得舍弃的艺术，不急躁、不短视、不虚浮、不回避舍弃，即便内心有万般煎熬，舍弃时也是波澜不惊，舍弃后就知足常乐，这种舍弃最是境界，也最易获取快乐与尊敬。

有一天，几名学生怂恿苏格拉底去热闹的集市逛一逛。他们七嘴八舌地说："集市里的东西可多了，有很多好听的、好看的和好玩的，有数不清的新鲜玩意儿，衣、食、住、行各方面的东西应有尽有。您如果去了，一定会满载而归。"他想了想，同意了学生的建议，决定去看一看。

第二天，苏格拉底一进课堂，学生们立刻围了上来，热情地请他讲一讲集市之行的收获。他看着大家，停顿了一下说："此行我的确有一个很大的收获，就是发现这个世界上原来有那么多我并不需要的东西。"随后，苏格拉底说了这样的话："当我们为奢侈的生活而疲于奔波的时候，美好的生活已经离我们越来越远了。美好的生活往往很简单，比如最好的房间，就是必需的物品一个也不少，没用的物品一个也不多。做人要知足，做事要知不足。"

刚者则柔不足，柔者则刚不足，勇者必戾，智者必诈，世间万物，芸芸众生，从来没有绝对的优点，也没有绝对的缺点，舍弃必然伴随着痛苦，何谓"割舍"，说的就是舍弃之时的疼痛，然而没有舍弃，就没有获得，我们能做的，不是逃避舍弃，而是如何舍弃得更艺术，舍弃得更优雅。

不盲目固执，才是人生的捷径

在人生的每一个关键时刻，应审慎地运用智慧，做出正确的判断，选择正确的方向，同时别忘了及时检视选择的角度，适时调整。

人生是为了什么？我们要追求成功，最关键的要素是什么呢？智慧如你，一定知道该执著时要执著，该放弃时要放弃的道理。只有放弃了苦恼，才能与成功同行。生活中，有时不好的境遇会不期而至，扰乱我们的生活，让我们猝不及防，这时我们更要学会放弃，不要以为所有的执著都是褒扬，有时候，执著只是一种固执，只是当局者迷而已。

我们所追求的快乐人生就像繁花，绽放斑斓之时必有终将凋零的烦恼；我们所追求的快乐人生就像红烛，浪漫温馨之际定会留下斑斑泪痕。所以在追求快乐人生旅途中，我们更不应让自己盲目执著于无谓，沉重而无奈地前行，放下这份固执，去拥有一份好心情，去撷取人间瑰丽的风景吧。

在非洲，人们抓捕狒狒有一套十分奇特的招法。他们将狒狒爱吃的食物高高举起，故意让躲在远处的狒狒看见，然后把这些食物放进一个口小里大的洞中。等人们走远了，狒狒就会欢蹦乱跳地过来，把爪子伸进洞里，紧紧抓住食物，但由于洞口极小，它的爪子握成拳后就无法从洞口抽出来。这时，人就可以不慌不忙地过来收获猎物，根本不用担心狒狒会跑掉，因为它们舍不得那些可口的食物，越是惊慌和急躁，就将食物攥得越紧，爪子就越是无法从洞中抽出来。于是，最终白白搭上了性命。

其实，那些狒狒只要稍一松开爪子，放弃食物，就可以溜之大吉，但它们却偏偏不。这就是愚蠢的固执。

我们常常说，执著的人值得赞许，因为他不抛弃、不放弃。然而有时，放弃才是更好的选择，才是一种大智慧，更是一种勇气。盲目的执著有时只是一种自欺欺人的固执，就好比失业者不肯放弃僵化的择业观念，整日委靡不振、怨天尤人；失恋之人不肯放弃已经逝去的那段感情，把自己弄得失魂落魄、心灰意冷；赌徒不肯放弃"可能会赢"的侥幸心理，以至于血本无归、倾家荡产。凡此种种，都验证了执著有时是多么不可取。

一味执著，不肯放手，只会占用大量的时间和精力，而让很多真正该做的事情没有做，让真正的梦想失去实现的机会。

不固执，在该放弃时勇敢放弃，是明智之举，是顿悟之果。而主动地去放弃，更是一种坦荡的心境与博大的胸襟，不固执，对感性的人而言，更是一种勇气和魄力。诚然，永不言弃通常是人们嘉奖的精神，但有时舍弃却是为了更好的明天。在充满种种诱惑的今时今日，我们要学会舍弃，更要善于舍弃。聪明的舍弃会使我们离成功更近，而有时固执却会让我们在错误的路上越走越远。因此，该舍弃时就舍弃，为了一棵小树而放弃一片森林，就不是执著，而是固执。适时放弃，有所坚持有所放弃，只有这样，我们的内心才能更平衡。

放下需要勇气，更需要智慧

能够放得下，就能够得到心灵上和精神上的享受，同时也能够感到清闲自在。与其在衰老时悲哀地死去，还不如在年轻时就明白这一点，顺着生活的自然脚步，及时放下心中的重负，品尝生活中快乐的滋味。

《坛经》里说"若著相于外"的种种弊端，目的只有一个，那就是让人们懂得该"放下"、懂得"放手"。佛语中讲的"放下屠刀，立地成佛"中的"放"意为"放弃"，而"屠刀"则泛指恶念。不论是"放弃"与"放下"，都是让人们将某些该放下的事情要敢于放下、勇于放下。

从古到今，芸芸众生都是忙碌不已，为衣食、为名利、为自己、为子孙……哪里有人肯静下心来思考一下：忙来忙去为什么？多少人是直

到生命的终点才明白，自己的生命浪费在太多无用的方面，而如今却已没有时间和精力去体会生命的真谛了。唐代的寒山禅师针对这一现象作过一首《人生不满百》的诗——

人生不满百，常怀千岁忧。

自身病始可，又为子孙愁。

下视禾根土，上看桑树头。

秤锤落东海，到底始知休。

此诗可以这样解释："人生不满百，常怀千岁忧"，尽管人生非常短暂，但是人们却都抱着长远规划，全然忘记生命的脆弱；"自身病始可，又为子孙愁"，不仅应付自己的烦恼，还要为子孙后代的生活操劳；"下视禾根土，上看桑树头"，生命中劳劳碌碌都是为衣食生计奔波，哪里有时间停下来思考一下生命的意义；"秤锤落东海，到底始知休"，人生的轨迹就如同掉进水里的秤砣一样，直到生命的尽头才会停止。

寒山禅师以此诗提醒世人："即刻放下便放下，欲觅了时无了时"，能放下的事情不妨放下，若是等待完全清闲再来修行，恐怕是永远找不到这样的机会啦。

人生往往如此：拥有的越多，烦恼也就越多。因为万事万物本来就随着因缘变化而变化，凡人却试图牢牢把握让它不变，于是烦恼无穷无尽。倒不如尽量放下，烦恼自然会渐渐减少。话虽如此，又有谁能放下呢？

在生活中，要学会"得到"需要聪明的头脑，但要学会"放下"却需要勇气与智慧。普通的人只知道不断占有，却很少有人学会如何放下。于是占有金钱的为钱所累，得到感情的为情所累……

佛家劝人们放下，不是要人们什么事情都不做，是说做过之后不要执著于事情的得失成败：钱是要赚的，但是赚了之后要用合适的途径把它花掉，而不是试图永远积攒；感情是应该付出的，不过不必要强求付出的感情一定得到回报，更何况什么天长地久。如果我们学会了"放下"的智慧，那么不仅会有益于周围的人，更是从根本上解脱了我们自己。

当佛陀在世的时候，有位婆罗门的贵族来看望他。婆罗门双手各拿一个花瓶，准备献给佛陀做礼物。

佛陀对婆罗门说："放下。"

婆罗门就放下左手的花瓶。

佛陀又说："放下。"

于是婆罗门又放下右手的花瓶。

然而，佛陀仍旧对他说："放下。"

婆罗门茫然不解："尊敬的佛陀，我已经两手空空，你还要我放下什么？"

佛陀说："你虽然放下了花瓶，但是你内心并没有彻底地放下执著。只有当你放下对自我感观思虑的执著、放下对外在享受的执著，你才能够从生死的轮回之中解脱出来。"

在我们寻常人的眼里，世间的万物往往被认为是实有的，加之我们以固有的观念去看待世间的万物，因而在我们主观的视角中便产生畸形的人生观，将其当做衡量世间一切事物的尺度，因而使我们深深地被是非、烦恼困扰住了。于是人生就平添了许多的痛苦，而我们自身又无法摆脱这种痛苦的缠绕。

显然，我们要摆脱世间各种烦恼的缠缚，单纯地依靠世间的智慧，无疑是不可能实现的，有时我们还需要一种勇气、一种敢于"放下"的勇气。比方说我们对某些事"求不得"时，就会想尽一切办法去努力争取实现其目的，而当这一目的被实现之后，新的欲求又将会接着产生，于是转而产生新的烦恼，如此则永无了期。此时此刻，如果我们心中能够产生一种"放下"的勇气，这个烦恼也就有了期限。

让生命之舟轻快地划行

　　一切的包袱都只存在于我们心中，其实放下了，也不过如此。任何担忧、任何迷茫、任何恐惧和退缩都于事无补。放弃得当，我们就会解脱各种羁绊，打破各种禁锢；甩掉"包袱"，我们才能轻装前行，更快更好地进入适应的角色。

　　你是否每天都背着沉沉的行囊，疲惫前行？你是否每天都在给自己很多目标、很多要求？你是否一直纠结于生活的细枝末节？问问你自己，这些是否重要到让你每天带着严肃的面孔，是否重要到让你失去轻松纯真的笑容？

　　在短暂的生命中，苦乐相随，没有人会永远一帆风顺，也没有人会永远水深火热。家家有本难念的经，每个人同样有每个人的烦恼，而不同的是，我们对待愁苦的态度。面对生活中的磨难，有的人每天抱怨，而也有一种人，他们反而如花苞绽放，拥有了更加成熟淡定的隽永气质。这种人，就是遇事不计较之人。

　　不去计较的人懂得为自己"减负"，卸下包袱，轻装上阵。面对每个负担或者苦痛，举重若轻，该舍弃的时候舍弃，因为他们懂得，只有彻底地卸下包袱，才能跟悲伤告别，同负累告别，与过往的自己告别，才能继续前行，真正走向成熟，成为更美好的自己，拥有更美好的人生。

　　有一个人觉得每天不堪生活重负，没有丝毫的快乐可言。于是，他去请教一位德高望重的哲人。哲人把一只竹篓放在他的肩上说："你背着它上路吧，每走一步都要从路边捡一块石头放在里边，看看是什么感受。"那个人虽然大惑不解，可还是按哲人说的去办了。可刚走了几百步，他就感到背负太重受不了了，因为竹篓里已经装满了沉重的石头。"知道你每天为什么不快乐吗？是因为你背负的东西太沉重了，它已经把你的快乐压抑殆尽了。"哲人从竹篓里一块一块地取着石头说，这块是功名，这块是利禄，这块是小肚鸡肠，这块是斤斤计较。当大半篓石头被扔掉后，那个人背起竹篓走起路来感到从未有过的轻松。

卸下包袱，内心才能恢复宁静，身心才能得到休息。生活中其实有很多美、很多快乐等待我们去挖掘、去发现，然而因为我们庸人自扰，总是把一些莫须有的东西背上身，如一个职称、一笔钱、一段发霉的感情、一些他人的期望……其实，人应该适时卸下包袱，很多东西并不如我们所想的那样重要，是我们自己把它们背上身，并且又扩大化。

把过去的一切甩在身后，卸下身心包袱，才能让心回归最初的宁静，重新开始规划新的生活。人们往往知道这个道理，却很难做到。因为只有不再受过去一些因素的影响时，你才能保持平和健康的心态，正确地把握将要发生的事，去获取新的成功。卸下包袱，做画家手中的那张白纸，这样才能画出美妙的图画。每一天都是崭新的开始，每一天都需要付出全部的努力，都需要认真地对待，只有卸下昨天的包袱，才能真正一丝不苟地去应对每一个环节和细节，才能把事情做好，才能过好未来。

人之一生，需要我们放弃的东西太多太多，如果不是我们应该拥有的，就要学会放弃。几十年的人生旅途，会有风风雨雨，有所得也必然有所失，只有学会了放弃，卸下包袱，才能轻装上阵，才会活得更加充实和轻松。

不去计较那么多的人，无论自己的梦想和目标是什么，过去的都已经过去，现在才是真正的开始，立即拿出行动，跟昨天挥手告别，这样才能看到明天的希望。许多人总是忽略这一点，于是结果以失败告终。

也许当你需要舍弃某些东西的那一刻，你会犹豫、会怀疑，但是只要迈出这一步，继续前进就不太困难了，因为你不再有负累，你的心是轻松的。

肯舍，则之后必有得

舍弃一物，未必会尽失所有；成就他人，也未必会损伤自己。不计较的关键在于，知道何时予，知道何时得。

有所舍，才有所得。不舍，则空空落落什么也得不到，就好像《红楼梦》里说的"机关算尽太聪明，反误了卿卿性命"，说的就是无舍也无得、反倒连性命也赔进去的人。有时候，不去计较，淡然一点，退一步海阔天空，舍得舍得，这个词自古连在一起，因为有舍才有得。

每个人手上其实都攥着自己人生的选择权，但许多人并没有使用这一权利，他们不舍，于是终其一生也没有得到什么，这也许就是成千上万的人碌碌无为、平庸一世、抑郁一生的最直接原因。拿起人生的选择权，舍弃该舍弃的，每个人的精力有限，只有舍弃了旁枝错节，才能将全部的精力放在最重要的事情上，才能有所得、有所获。有舍有得，才能给生命不断注入新的激情；摆正心态，对未来怀抱希望，但也做好最坏的打算；有舍有得，才能拥有把握自己命运的伟大力量；有舍有得，才能将人生的美好梦想真正变成辉煌的现实。

在巴基斯坦，有两个海，但是它们很不一样。一个叫做加黎利海，是一个大湖泊，内有清澈的湖水可以供人畜饮用。不但鱼儿常常在里面嬉戏，而且人们也经常来光顾，游泳度假其乐融融。另一个就是著名的死海，它真的一如其名，因为它的一切东西都是死寂的，海水是咸的！

盐度之高，就是人躺在上面都不会下沉。这里的水是根本没法饮用的，如果你不小心喝了这里的水，一定会生病的。水中见不到鱼儿的影子，就连海草也没有。两岸更是寸草不生，没有人愿意居住在这块不毛之地。

关于两个海的有趣之处，是两个海同发源于同一条河流，而流入不同的海里。那么，是什么造成了同一源头，却两番截然不同的景象呢？原来，一个接受，然后付出；另一个是只接受，但是永不付出。约旦河水流入加黎利海的顶端，然后从其底部流走。它拥有这水，但是却不自己独占，而是继续将之交给别人使用。但是，约旦河水在注入死海之后，就被死海独吞了，永不外流。

死海自私地保留了甘甜的海水，却反而成了死海。因为它只想得到，不想付出。正如每个人活在世上，刚开始是个积累的过程，宛如小孩子吃糖果，喜欢什么都抓在手上。然而随着年龄的增长，走向成熟，这时就要知道，糖果抓得太多，最终只会洒落一地。不少人的生活就是如此，满手的糖果，结果不是握不紧而全部失去，就是糖果在手上溶化。每个人都在一天天成长，要成就个人的人生，就必须学会驾驭生活。随着成长、成熟，人生就像挑选糖果，细细挑选，一点一点舍弃不那么重要、不那么爱吃的糖果，最后只保留自己最最宝贵的那一颗，牢牢抓住，好好珍惜，让这颗糖果成为相伴终老的依靠与美满。

"舍"与"得"是一种人生哲学，更体现一个人的宽大之心。舍得舍得，先舍后得，有舍有得；"舍"总是在前，"得"紧随其后，"舍"与"得"虽是反意却是一物之两面。舍与得其实是一个等号的两端，你先舍，然后才能得。所谓，施比受有福，说的就是一个人施予了，他所得的福往往更多。这便是"舍得"的真意。能"舍"能"得"，舍得之间的玄妙与意境，要靠自己去琢磨、去感悟。智慧的你悟出来了吗？

"爱出者爱返，福往者福来。"也许不是每一次付出都有回报，但

每一次所得必然要经过舍弃与付出。从某种意义上说，舍得，说的就是贡献与索取、获得与舍弃之间关系的平衡和把握。"将欲取之，必先予之"，这是古今中外成功者共同的处世原则。

正视曾经的失去

假如你失去了亲人、失去了金钱、失去了双腿……总之你觉得你失去了一切，可是至少你还拥有生命，只要你还活在这个世上，就不能说自己失去了一切。

在生活中，我们应该始终保持乐观的生活态度，即便身处逆境，也不要抱怨失去太多，抱怨越多，事情就越糟糕，心中的气也就越多。为失去烦躁时，不妨看看自己还拥有什么吧。

一位樵夫以砍柴为生，靠着卖柴的钱搭盖了一间可以挡风遮雨的木房子。一天，他挑着木柴到城里去卖，当他傍晚时候高高兴兴地从集市回来时，发现好不容易建造起来的屋子竟然着火了。

村子里的人都纷纷前来帮忙救火，樵夫也急坏了，但由于风势过大，火越烧越猛，浇上去的水根本没用，最后大家都放弃了努力，眼睁睁地看着炽烈的火焰吞噬了整栋木屋。

大火自行熄灭后，樵夫并不是抱着一堆死灰哭泣，而是拿起一根棍子，在废墟里不停地翻找东西，大家都以为他正在寻找藏在屋子里面的珍贵宝物，所以也都好奇地在一旁关注着他的举动。

过了许久，只听樵夫兴奋地喊着："我找到了！我找到了！"当大家看清他手中举着的东西后，都一片"嘘"声。樵夫手里举着的不是金元宝之类的宝物，而是不值钱的斧头。

可是樵夫却没有丝毫的不高兴，反而把木棍嵌入斧头里，并自信满满地说："只要有了这柄斧头，我就什么都不怕了。我可以再靠它继续砍柴卖钱，还可以建造一个更坚固耐用的家。"

很多人在遭遇这种情况时，一定会抱怨老天瞎了眼，或是不知道今后该怎么生活。其实成功的人不是从未被击倒过的人，而只是在被击倒后，还能积极地往成功的道路上不断迈进的人。

世事无常，失去一些就像老天偶尔会下雨，没什么大不了的，用一颗平常心去对待，一切都会好起来的。对于那些曾经的失败，我们要正视它，并吸取教训，转个弯继续再来。终日想着那些不幸的经历和已经错误的路途，只会越来越加剧自己的伤痛。只有先将身上的灰尘拍落，才能再轻松应战。

大学毕业后的李梅进入一家大型公司工作。由于踏实肯干、能力突出，没几年就做到了市场部经理的位置，她的前途一片光明，自然是春风得意。

天有不测风云，没过多久，公司出于战略调整的考虑，撤销了市场部，她的经理一职也自然就没有了，她在一夜之间沦为一个普通的业务员。李梅难以接受这一状况，心情低落，对工作也没了热情，甚至有了得过且过的想法。

一天下班之后，她被总经理叫住，约她一起到郊外爬山，他们费了好大的力气才爬到山顶。正当李梅迷惑不解的时候，总经理指着远处的一座高山问道："你说咱们这座山和对面那座，哪个更高大？"她回答道："当然是那座山了，全市第一嘛！"

总经理缓缓地点了点头："那么我们现在怎么才能到达那座山的山顶上呢？"李梅怔了一怔："先从这座山上下去，再上那座山。"

总经理回过头来笑道："你说得很对！有时候人往低处走也不完全是坏事。你一定很希望我把你直接放在销售经理的职位上吧？

― 21 ―

其实，就像我们刚才说的，销售和市场也是两座山，除非你是天才，能直接跳过去。因此，我们这些凡人只有一步一步去做比较实际。更何况，在你面前的，不仅仅只有这两座山，远处还有许多更高的山呢！"

李梅明白了总经理的意图，回去之后，她开始主动学习销售方面的知识，慢慢又找回了以前的工作热情。一年后，她做到了销售部经理的位子。两年后，她又成为总经理助理。

有时不是失去阻碍了我们前进的脚步，是我们自己被自己束缚了。如果我们认为自己失去了一切，就会意志消沉，把人生过得灰暗颓废。

人生起起落落，跌到谷底之后就会上升，只要我们不放弃，就能乘胜追击，迎来又一个繁荣。所以忘记你现在的失去，要知道只要路没有走到尽头的那天，一切都还有机会，而一切的机会又都在我们手中。

聪明的人会把失去的当成一种成功前所投资的资本，任何成功都是在克服困难中得来的。失去并不糟糕，糟糕的是你以为自己失去了一切。

第二章
权利得失恰到好处
——取舍权利，把握得失

淡泊名利、无求而自得才是一个人走向成功的起点。古云："不为物累，高风亮节。"一个人如果把名利看得太重，就会让物质欲望、本能需求恣意膨胀；只有视个人名利淡如水的人，才能对"名"和"利"不存非分之想。名和利与我们每一个人都有一定的关系，对名利适度的追求，既无妨碍，也是人之常情，完全可以理解，可是，过分地去追求名和利，则是不可取的，也是十分错误的。心存过度的功名利禄思想，将会使你产生脱离实际、不安于现状的急躁情绪，只会影响你的工作、学习和生活。

失去意味着更好地得到

俗话说"万事有得必有失",得与失就像小舟的两支桨、马车的两只轮,得失只在一瞬间。失去春天的葱绿,却能够得到丰硕的金秋;失去青春岁月,却能使我们走进成熟的人生……失去,本是一种痛苦,但也是一种收获,因为失去的同时也在获得。

任何事情都具有两面性,当你获得成功时,失去的是青春;事业有成时,失去的是健康;一些所谓的成功人士有许多女伴时,失去的或许是忠贞不渝的爱情与夫妻间的相濡以沫;儿孙满堂时,失去的却是一生。

出来做事,假如凡事都计较,什么也舍不得的话,很有可能什么也得不到;当你捡起一块石头之后总也放不下的话,双手就不能用来干其他的事情了。

而一个人的精力毕竟是有限的,假如你什么都想得到,分心太散,则很可能什么也得不到,什么事也做不成。有的人总幻想做遍世上的一切工作,那是很不现实的,人还是一辈子仅做几件事好,但是要把那几件事做得像个样子。

希尔·西尔弗斯坦在《失去的部件》中记述了这样一件故事:

一个圆环失去了一个部件,它旋转着去寻找。因为缺少了那个部件,它滚动得十分缓慢,这使得它有机会去欣赏沿途的鲜花,可以与阳光对话,与地上的小虫聊天,同蝴蝶吟唱……而这是它在完整无缺、快速滚动时无法注意、不能享受到的。但当它找到那部件后,因为滚得太快,它不能从容欣赏花,也没有机会聊天,因而失去了所有的朋友,一切都变得稍纵即逝……

在梦中的天姥山的石阶上，脚著谢公屐，看海日，闻天鸣，醒来便仰天大笑出门去，不肯摧眉折腰事权贵；李白选择了骑鹿游名山，失去了权势，却得到了开心颜。

在南山蜿蜒的小路上，东篱下，一个采菊的身影，挥罢衣袖，吟道："少无适俗韵，性本爱丘山。"在误落尘网十年后，陶渊明选择了守拙归田园，失去了五斗米，却挺直了他的脊梁。

在惶恐滩头，在《过零丁洋》里，文天祥一身浩然正气，不被利禄所惑，不为强暴所服，失去了生命，却得到了千古赞颂。

不是一切失去都只意味着遗憾。

在国家生死存亡的关头，为了个人的恩怨，为了一己之私，秦桧谗言献媚，一纸"莫须有"，断送了祖国大好河山。是的，他得到了满足，却留下了千古骂名。

在列强肆意践踏我们民族的危难中，为了荣登大宝、圆皇帝梦，袁世凯泯灭良知，断然签下了丧权辱国的"二十一条"。他虽然得到了帝国主义的支持，但最终却在绝望中死去。一些贪官在国家蓬勃发展的时候，在人民需要体恤的时候，为了金钱，为了虚荣，他忘记了信仰，背叛了人民，伸出了贪污之手。是的，他得到了一时的荣华，却最终难逃法网。

不是一切得到都意味着圆满。

在人生道路上，在花花世界里，你是否看清：不是一切失去都意味着遗憾，不是一切得到都意味着圆满。

不要因失去而后悔、伤心，或许失去意味着更好地得到，只要你选择的是纯洁而又美好的理想；不要为得到而沾沾自喜，或许得到代表着你失去了更多，假如你选择的是虚荣而又自私的目标。

天台国清寺的两个诗僧，在幽静的林子里，在月光下对话。一问：

世人谤我、欺我、辱我、恶我，如何？一答：你只须由他、任他、忍他，你且看他。

是啊，无论失去或得到，只须用一颗恰到好处之心去面对，缺也会是圆。

得与舍的关系是很微妙的，一个人一生中可能只能得到有限的几样东西，甚至某件东西。而这些东西可能要用一生的时间来换取，因此在这个意义上人生是个悲剧。这个世界上有那么多东西，又有那么多美好的东西，可是那一切好像与你无关，它对于你只是作为一种诱惑而出现，你只能眼睁睁地看着别人将它拿走。

如果你因为一点事情就一直烦躁不安，这样会活得很累。可是你本来就一无所有，甚至这世界上本来就无你，从这点看，你已经获得了几样东西，最起码获得了生命，和来世上走一遭的体验。上帝对你还是不错的，起码在这个美好纷繁的世界上旅游了这些年，所以你看，你是不是又得到了许多？

拥有了一颗恰到好处之心，也就参透了得与失，就不会得意忘形，也不会悲观失望，有一颗恰到好处之心，就可以做事了。

视功名利禄如浮云

宠辱若惊，贵大患若身。何谓宠辱若惊？宠为下，得之若惊，失之若惊，是谓宠辱若惊。何谓贵大患若身？吾所以有大患者，为吾有身，及吾无身，吾有何患？故贵以身为天下，若可寄天下；爱以身为天下，若可托天下。

光荣和耻辱在人心中总是很重要。人们爱惜它就像爱惜生命一样。

什么叫光荣和耻辱呢？得到时惊喜万分；失去时心灰意冷。这就是心理的大障碍。为何不刻意地收藏起自己的欲望，用看别人的眼光看自己呢？这样一来还有什么可担心的呢？以此论治国，像爱惜自己身体一样爱护国家的人，可以将国家托付给他，不愿身先士卒的人，又有何道理将国家托付给他呢？

由于荣宠和耻辱的降临往往象征着个人身份与地位的变化，所以，人们得宠之时也就是春风得意之时，他们当然唯恐一朝失去，就不免时时处于自我惊恐之中。

得宠的人怕失宠的心理是正常的。一般说来，一个飞黄腾达的人是较少受辱的。所以，一个人在受辱的时候也往往意味着他个人地位的降低或低下。与宠的荣耀相比，受辱当然是一件很丢脸面的事情，人们普遍认为是一件极为下贱的事，所以得失之间都不免惊慌失措。另外，当一个人功成名就的时候，容易欣喜若狂，甚至得意忘形，这就为受辱埋下了祸根，因为他对成就太在意了。所以有些人就吸取了这方面的经验：淡泊名利。这成了保全自己的办法，更是一种修养。

唐朝某年间的一个清晨，在润州西北的芙蓉楼上，来了两位士人。他们一位是大名鼎鼎的诗人王昌龄，另一位则是他的朋友辛渐。

昨夜的漫江寒雨现在渐渐停了，寒雨增添了几分萧瑟的秋意。两位朋友在这个清冷的地方，面对着滚滚流去的长江水，互相交谈着。王昌龄说："辛兄，这次一别，不知何日再能见面啊。"原来，辛渐要从这里渡江北上，取道扬州到洛阳去，现在船已经停泊在岸边了。

辛渐说："昌龄兄情深义长，你从江宁送我到润州，昨晚在这里为我饯行，今天又来送我，叫我如何报答呢！这回我们谈得畅快，使我明白了这些年来你受到的委屈和折磨。希望你放开胸怀，好好保重自己！"

王昌龄曾因不拘小节，受到当时某些人的批评指责，甚至对他进行无中生有地诽谤。为此，几年前他就被贬官岭南，然后又被任为江宁

丞，终是屈居在下级官吏的行列中，对此王昌龄淡然处之。此刻，他感到惆怅的倒是辛渐走后，自己又少了一个知己。辛渐知道，王昌龄在洛阳有不少亲友，他们也一定听到了外界不利于王昌龄的非议。他便关心地问："昌龄兄，我去洛阳，你有什么话要我带给那边的亲友吗？"

王昌龄昂起头，目光炯炯地说："有！因为要给你饯行，我作了一首诗。"于是，他对着浩浩江水，朗声吟了题为《芙蓉楼送辛渐》的诗：

寒雨连江夜入吴，平明送客楚山孤。洛阳亲友如相问，一片冰心在玉壶。

辛渐被感人的佳句打动了，连连赞道："好诗！好诗！'一片冰心在玉壶'，这表明你始终坚持自己清白自守的节操，多么高尚，令我钦佩！这句诗，足可告慰你在洛阳的亲友了。我也很高兴，因为你的大作对我无疑是一件难得的珍宝哩！"两位朋友再次珍重道别，辛渐登上了江边的船，扬帆而去。岸边的王昌龄，遥望远处矗立的楚山，觉得自己也像楚山那样孤零零的。

一片冰心在玉壶，追求自身的高洁，用淡泊的心怀看待世事，这是高超的做人和处世的哲学。自己内心纯洁，就不怕别人的恶意诋毁和诽谤；抱着淡泊的胸怀，名利如浮云一般，入不得耳目，扰不了心志。只有这样，人生才踏实、充实。

天下熙熙，皆为利来；天下攘攘，皆为利往。人生看不破"名利"二字，就会受到终身的羁绊。名利就像是一副枷锁，束缚了人的本真，抑制了对于理想的追求。现代人生活在节奏越来越快的年代，成就感的诱惑始终存在，有太多的诱惑、太多的欲望，也有太多的痛苦，因此我们身心疲惫不堪。一个人要以清醒的心智和从容的步履走过岁月，在他的精神中就不能缺少气魄，一种视功名利禄如浮云的气魄。

不拘于物，是古往今来许多人一生的所求。不必为过去的得失而后悔，不必为现在的失意而烦恼，也不必为未来的不幸而忧愁。抛开名利的束缚和羁绊，做一个本色的自我，不为外物所拘，不以进退或喜或悲，待人接物豁然达观，不为俗世所滋扰。

烦恼和羁绊都是由于自己的不能舍弃或是看得太重而引起的。人生于世，无论君子、圣贤、雅士也好，还是小人、俗人、凡人也好，谁也不可能无所谓地舍弃。俗人爱财，难道君子就不需要了吗？圣贤如果没了一日三餐，他也要去赚钱的。但不要执著，要懂得放下，这才是俗世的淡泊。

德国哲学家康德就非常厌恶"沽名钓誉"，他曾经幽默地说："伟人只有在远处才发光，即使是王子或国王，也会在自己的仆人面前大失颜面。"也许，正是因为有了这样一份淡泊的心境，世界才又多了几丝温暖，几分快乐；也许正是少了几分对名利的追逐，世界才又多几分自在，几分快慰。

淡泊胸怀，独善自身，人生便不受困扰，心神才会一片安泰！

看淡名利，耐住自己的本性

凡事有利则必有害。何为利？利不仅是经商做买卖，赚取的利益是利；以私害公，只要自己方便，不顾他人利益、损害社会利益的行为都是只顾一己之私的利。它不仅危害社会，同时也是害了自己。"利"和"义"之间的区别是很明显的，但是"利"与"害"之间的相互转化则是非常微妙的。

面对"利"与"害"，我们又当"忍"什么呢？"利"是人们喜爱的，"害"是人们都畏惧的。"利"就像"害"的影子，形影不离，怎

可以不躲避？贪求小利而忘了大害，如同染上绝症难以治愈；毒酒装满酒杯，好饮酒的人喝下去会立刻丧命，这是因为只知道喝酒的痛快而不知其对肠胃的毒害；遗失在路上的金钱自有失主，爱钱的人收取而被抓进监牢，这是因为只知道看重金钱的取得而不知将受到关进监牢的羞辱；用羊引诱老虎，老虎贪求羊而落进猎人设下的陷阱；把诱饵扔给鱼，鱼贪饵食而丢了性命。

唐建中二年，成德李唯岳、淄青李正己、魏博田悦与山南东道梁崇义四镇节度使联兵叛唐，形成"四镇之乱"。唐德宗李适下令调集兵马平叛。

公元781年和782年，唐河东（今山西永济蒲州一带）节度使马燧、昭义（今山西长治一带）节度使李抱真、神策先锋李晟两次大破田悦军。田悦收拾残兵，逃回魏州（魏博的治所），守城自保。马燧兵围魏州，但久攻不克。朝廷派马燧等军进击田悦的同时，命幽州节度使朱滔攻成德李唯岳军。李唯岳大败，逃回恒州（今河北正定）。部将王武俊杀李唯岳，投降朝廷。山南东道梁崇义、淄青李讷（时李正己已死，其子李讷统领军务）也都被朝廷派兵战败。梁崇义投水而死，李讷上书朝廷，请求悔过自新。整个平叛战局对朝廷很有利。官军一时取胜，进剿有功的节度使都争封地。

王武俊和朱滔认为朝廷分封不均，心怀不满，被困在魏州的田悦得知后，遣使前往离间。朱滔、王武俊素有异志，三方一拍即合，于是三镇联合叛唐。公元782年初夏，朱滔、王武俊率军救援魏州田悦。朱、王两支兵马抵达魏州时，魏人欢声雷动，田悦备酒肉出迎。第二天，朝廷派来增援马燧的朔方（今宁夏灵武一带）节度使李怀光，率步骑15000人也赶到魏州城外，马燧领将士列队欢迎。

朱滔见李怀光率军来支援马燧，立即出阵。李怀光有勇无谋，想乘朱滔、王武俊二军营垒未立就挥师出击。马燧建议说：先让将士休息一下，待敌情观察清楚后再战。李怀光刚愎自用，对马燧说："等对方立成营垒，后患无穷，不可错过现在的大好时机。"于是挥军出战。两军交战，李怀光军勇猛冲杀，斩杀叛军步卒千余人，朱滔引兵败退。李怀光骑在马上观望，骄矜自得，任凭士卒们窜入朱滔军营争掠财物。这时，王武俊率2000名骑兵突然横冲过来，把李怀光军一截为二，朱滔亦引兵反击。李怀光军大败，被逼入永济渠（今卫河）溺死、互相挤踏而亡者不可胜数，尸积永济渠，渠水为之断流。马燧欲出兵相救已不及，急忙命令本军严密守住营垒，才免于与李怀光军同时溃败。当晚，叛军又放水截断官军粮道和退路。第二天，道中水深3尺，官军被困。马燧大惊，被迫派人向朱滔等婉言求和，保证遣还诸节度使军权，并向唐皇保奏，让朱滔统辖整个河北。官军撤兵后，11月，朱滔、王武俊、田悦宣誓结盟，推朱滔为盟主，称冀王，田悦称魏王，王武俊称赵王，李讷称齐王。唐廷这次平叛遂以失败告终。

由于见利而不见害，李怀光败于魏州，这里是不能忍于利的诱惑而失败的。

人们大都喜欢名利，成名使人有成就感，精神振奋。得利能够使人有满足感，心情愉悦。一般情况下，人们也惧怕灾难，灾难令人感情痛苦，心智受损。所谓趋利避害是人的共同心理，无论是君子或是小人，在这一点上其实都是一样的，只不过追求名利、逃避灾害的方式不同罢了。愚蠢不知事理的人总是被眼前微小的利益所迷惑，而忘记了其中可能隐藏的大灾祸，只见利而不见害。

因此，聪明的人看到名利，就考虑到灾害；愚蠢的人看到名利，就忘记了灾害。考虑到了灾害，灾害就不会发生；忘记了灾害，灾害就会出现。

人不能过于贪图眼前的利益，更不能因为被眼前的利益所迷惑而忘记了做人的根本。

谁都懂得要获得事业的成功，就要付出一定的代价，哪里有那么多现成的好事在等待你呢？许多人也明白，小利之后会有大害的道理，但是一事当前，则无论如何也忍受不了小利不得的吃亏感，那后果又是什么呢？

自古至今只有能明是非、辨利害，才能忍耐住自己的本性，才能见利思害。做到这一点，是很不容易的。要兴利除害，趋利避害，也必须要有忍耐的精神才能办到。人生能有几何，不到百年时光；天地是暂居的旅店，光阴是永远的过客。如果不自警觉，一味纵情取乐，就会乐极生悲，像秋风过后的草木零落一般。

人生是有限的，短短几十年的光阴。如果放纵自己去享受，而不奋斗，则会一事无成。少小不努力，老大徒伤悲。贪图安逸，等于自毁长城。一旦人处于安稳快乐的环境中，就会忘记忧患的存在，消磨了自己的意志，不求上进，得过且过，哪里还谈得上什么发愤图强？

忍安逸，首先要知道珍惜时光，在有限的人生之中做更多的事情。

其次，忍安逸，要积极进取，否则就会像《论语》中孔子说的那样："吃饱穿暖，安逸地住着，却没有受到教育，就与禽兽相差无几了"。饱食终日，无所事事，自然会意志消沉，退一步也可能蜕化成社会的害虫，为人们所厌恶。生命在于运动。只有工作，才能不停地奋斗，永不止息地前进。

古人认识到了贪图安逸，人就会没有雄心大志，害怕艰苦的生活，惧怕磨难，养成"娇骄"二气。面对挫折则放弃自己的志向，那又怎么能立身立国呢？整天沉迷于安稳的生活，陶醉于快乐的享受，根本不可能磨炼出顽强的意志，而且还有可能因为贪图享乐而招致灾祸。所以要忍安逸、艰苦奋斗，才能干一番惊天动地的大业。

不刻意追求利禄，远离虚浮之事

辱身丧名，莫不由此！求名利所以坏名，名岂可市哉？

是啊，人生有许多虚浮之事，而某些庸俗浅薄之人却认为这是生命之本，堕入名利之中。其实人生之真实之厚重恰恰在于摆脱这些虚浮之事。

人生的目的有身内和身外之分。

身内的目的，知天达命，不求身外之物，人便活得自在逍遥。

身外的目的，刻意强求，为名誉、为金钱地位所累，欲壑难填，人间毁誉无穷，如何顾及得了。

正如庄子所说："至人无己，神人无功，圣人无名。"

庄子这话怎么理解呢？什么"至人"、"神人"、"圣人"当然不是神话里的神仙，庄子指的不过是品格修养极好的人。这样的人明白为人处世、做事的最深刻的道理，在他的心目中，没有自己的私利，自己和他人打成一片，在利益上，我就是他人，他人也就是我。

无论至人、神人、圣人，还是凡夫俗子，人生无非生活工作。事业成功了，也不特别喜悦，因为这是正常的结果。正如种瓜得瓜，种豆得豆。瓜熟蒂落，水到渠成，一切自自然然。失败了也不悲哀、绝望，因为事情有成败之理，因此，失败常在事情发展的可能之中。这样，人超越了成功与失败的困扰，那剩下的就是心安理得地生活与工作。这样看似无所作为，但人生在世，最根本的东西得到了保证。生活本身就是人的作为。

由于无己、无功，也便无名了。社会发展，有许许多多的人干出了

轰轰烈烈的事业，做出了惊天动地的壮举，因而获得巨大的名声。这使那些人突然之间身价百倍，那光彩、那地位一下子超出了常人。这也使一般没干出大事业、未获得大名声的人羡慕不已。于是，在社会生活中便出现利己、求功、求名的事情。这对于社会历史的发展，有好的一面，但也有不好的一面。人要名，就必然地在出名前为强求出名而苦恼，出名后，又会被俗话说的"人怕出名猪怕壮"的麻烦困扰。

虚名，它能为人带来一时心理的满足感，也就使争名、争虚名的事常有发生。为了虚名而去争斗，是人世间各种矛盾、冲突的重要起因，也是人生之中诸多烦恼、愁苦的根源所在。虚名本身毫无价值、毫无意义，任何一个真正的有识之士，都不会看重虚名。

某些贪图虚名之人本来庸庸碌碌无所作为，却不知羞耻地伸手要荣誉，或者弄虚作假骗取荣誉。有的把荣誉称号作为送人情、搞心理安慰的手段。更有甚者，把荣誉称号明码标价，公开出售。这不仅仅是对社会道德的庸俗化，而且可以说是对人类精神文明的亵渎。所以，我们看一个人具有的某种荣誉，不管其牌子有多大，关键看是否真正对社会做出了贡献，正如希腊哲学家亚里士多德所说："一个人的尊严并非获得荣誉时，而在于本身真正值得这荣誉。"也就是说假的终究难以成真。

荣誉本身也是责任。一分荣誉，十分责任。一个有健康情操的人，当获得某种荣誉后，兴奋之余，就是压力。他要付出更多的努力，去完成新的课题。他往往不是担心自己得的荣誉低，被别人看低了，而是怕"盛名之下，其实难副"。

培根说："真正之名誉，在虚荣之外。""名誉像一条河，轻漂而虚肿地浮在上面，沉重而坚实的东西沉到底下。"如同稻田里的稻子一样，与名誉孪生的是虚荣。巴期卡也告诉我们："虚荣心在人们的心中如此稳固，因此每一个人都希望受人羡慕，即使写这句话的我和念这句话的你都不例外。"这只是指一般人的正常心态，但虚荣心过强会给人带来无穷的烦恼。踏上虚荣的高台阶，必定迈进自私的低门槛。

而实际上，人生在世，大家生来都是平等的。造物主并没有让谁光彩照人、名气压人，也没有让谁低三下四、可怜巴巴。成功了，做出了大事业，有了大名声，还是人；做出大事业，默默无闻，也依然是造物主的可爱儿女。这样，追求名声常常使有些人失去人的许多天然美好的本性，变得芜杂，把天然扭曲为造作。名声的坏处这样就显而易见了。品格修养极好的人就是能不把名当一回事，恢复人生来那种自然纯正的状态。

所以，杰出人物对名声之类的东西总是唯恐躲之不及，那我们又何苦还要刻意去求呢？别再为什么"人过留名，雁过留声"的事而煞费苦心了，须知，刻意去求，不仅得不到，反而坏名，这又何必？

名是缰，利是锁

世人极少有不爱名利的，为什么呢？或许名利是世俗价值的象征，抑或是自我内心虚荣的表现。名利，带来的是敬仰夹杂羡慕的目光，是镁光灯追随的目标，也是志得意满和踌躇满志的依仗物。

获得名和利的李叔同并未从其中得到精神上的寄托，因为，自始至终，名利都非他所求，心中本无名利，名利自来扰之。为了寻求自己心灵深处不可解的困惑的答案，他抛开了红尘中的一切，跳到红尘之外。红尘之外亦沾染名利，他不喜，便极力挣脱这人人欲求而不得的黄金枷锁。对于别人冠以的"法师"、"老法师"、"律师"等带尊敬恭敬的称呼他十分反感，总是要求别人在写书或称呼他时去掉。在他看来，无论是作为一名真正的学者或是得道的高僧，都应该是外物不萦于怀、踏踏实实的。蝇营狗苟、追名逐利之事，他是不屑一顾的，也是极力摆脱

的。或许，摆脱随身而来的名利是所有得道高僧的共同心愿吧。

洞山禅师感觉自己即将离开人世了，这个消息传出以后，人们从四面八方赶来，甚至连朝廷也派人急忙赶来。

洞山禅师走了出来，脸上洋溢着净莲般的微笑。他看着满院的僧众，大声说："我在世间沾了一点儿闲名，如今躯壳即将散坏，闲名也该去除。你们之中有谁能够替我除去闲名呢？"

殿前一片寂静，没有人知道该怎么办，院子里一片寂静。

忽然，一个前几日才上山的小和尚走到禅师面前，恭敬地顶礼之后，高声说道："请问和尚法号是什么呢？"

话刚一出口，所有的人都投来埋怨的目光，有的人低声斥责小和尚目无尊长、对禅师不敬，有的人埋怨小和尚无知，院子里闹哄哄的。

洞山禅师听了小和尚的问话，笑着说："好啊！现在我没有闲名了，还是小和尚聪明呀！"于是坐下闭目合十，就此离去。

小和尚眼中的泪水再也忍不住，流了下来。他看着师父的身体，庆幸在师父圆寂之前，自己还能替师父除去闲名。

过了一会儿，小和尚被周围的人围了起来，他们责问道："真是岂有此理！连洞山禅师的法号都不知道，你到这里来干什么啊？"

小和尚看着周围的人，无可奈何地说："他是我的师父，他的法号我岂能不知？"

"那你为什么要那样问呢？"

小和尚答道："我那样做就是为了除去师父的闲名！"

名是缰，利是锁，尘世的诱惑如绳索一般牵绊着众人，一切狂傲、自大皆由此来。若想真正成就声名，必须有真名士的淡然与洒脱，虽不能视名利如粪土，起码能视名利为平常。

在一列长途旅行车上坐着两位女士，由于旅途时间较长，她们便开始攀谈起来。说着说着，话题就转到职业上来。其中一位女士非常自豪地告诉另一位比较沉默的女士，说自己是一名作家。

"我是一位很有名的作家，全美国的人都知道我！"

"那你都写过一些什么书呢？"

"太多了，算起来大概有几十本了吧！"她自豪地回答道。

那位沉默的女士只是微微一笑，便不再说话了。

"那么，你呢？你的职业是什么？"她反问那位沉默的女士。

"我也是一名作家，但我只写过一本书。"沉默的女士很平静地回答道。

"是吗？才一本啊！什么书名呢？"她很不屑地问道。

"《飘》。"沉默的女士依旧平静地回答道。

赵州禅师语录中有这样一则：

问："白云自在时如何？"师云："争似春风处处闲！"

天边的白云什么时候才能逍遥自在呢？当它像那轻柔的春风一样，内心充满闲适，本性处于安静的状态，没有任何的非分追求和物质欲望，放下了时间的一切，它就能逍遥自在了。白云如此，人亦然。

能够放下世间的一切假象，不为虚妄所动，不为功名利禄所诱惑，一个人才能体会到自己的真正本性，看清本来的自己。

宋朝的雪窦禅师喜欢云游四方访学。这天，禅师在淮水旁遇到了曾会学士。

曾会问道："禅师，你去哪里啊？"

雪窦回答说："不一定，也许去往钱塘，也许会到天台那里去看看。"

曾会建议道："灵隐寺的住持珊禅师和我交情甚笃，我给您写封介绍信，您带去交给他，他一定会好好招待您的。"

于是雪窦禅师来到了灵隐寺，但他并没有把曾会的介绍信拿出来，而是潜身于普通僧众之中过了3年。

3年后，曾会奉命出使浙江，便到灵隐寺去找雪窦禅师，但寺僧告诉他说并不知道这个人。曾会不信，便自己到云水僧所住的僧房内，在1000多位僧众中找来找去，终于找到了雪窦禅师。

曾会不解地问："为什么您不去见住持而隐藏在这里呢？是我为您写的介绍信丢了吗？"雪窦禅师微笑着回答道："不敢，不敢。我只是一个云水僧，一无所有，所以我不会做您的邮差的！"说完拿出介绍信，原封不动地交给了曾会。两人相视而笑。曾会随即将雪窦引荐给住持珊禅师，珊禅师甚惜其才。

后来，苏州翠峰寺缺少住持，珊禅师就推荐雪窦去任职。在那里，雪窦终成一代名僧。

雪窦禅师是清空了自己心灵的人，他清空了心灵里世俗生活积存下来的枯枝败叶。只有清空心灵，才能最大限度地获得生命的自由与独立；只有清空心灵，才能收获未来的光荣与辉煌；只有清空心灵，才能超出欲望的需求而追求品德的完善。清空心灵的时候，就是一个人做到无欲的时候，就是放弃了心中的杂念的时候。

弘一大师和雪窦禅师一样，也是一位清空了心灵的人。他生平不求名誉，别人写文章赞扬他的师德，他却对此进行斥责。他一生都不曾贪蓄财物，他人供养的众多钱财，大师都用在了弘扬佛法、救济灾难等方面。他一生都没有剃度弟子，而全国众僧多钦服他的教化。他一生中也不曾任寺中住持、监院等职，而全国寺院多蒙其护法。他的一生不求名利，却使众生都受到莫大的利益。

当品格自然高洁、不染尘泥的时候，便是智慧清明的时候，放下的是对外物无止境的追求，得到的是无限拥有的可能。

布袋和尚曾写过一首诗："一钵千家饭，孤身万里游。睹人青眼少，问路白云头。"体悟到其中妙处的弘一法师，得道而逍遥那是自然的了。

名是缰，利是锁，这才是真正的名士。不爱名利的人，名利往往如影随形。原来,真正的名利是道德成就的附赠品。然而这附赠品却成了真名士的困扰,使他们极力摆脱。出家后的李叔同,曾有一段时间不停地受到朋友或社会的邀请,讲禅、参加宴会,后来一位施主劝诫:"不要成为应酬和尚。"他如醍醐灌顶,豁然想通,自此以后,他远离所有邀请,寻了一处少有人认识的地方去钻研、弘扬佛法。在生活中,我们也应视名利为平常,这样,我们才能享受淡然与洒脱。

名誉及利益,愚人所爱乐

　　名利双收的事当然会有极强的诱惑力,但是有些东西是否应该得到,不应该以内心的欲望作为判断标准,而是在乎心中是否坦荡,那么不论是处庙堂之高还是处江湖之远,都会体味到生活的甘甜。

　　如果能摆脱名利的束缚,不受它的迷惑,心灵自然豁达、坦然。只有懂得看轻名利的人,才会不为名利所累,才会抵达生活的另一极。

　　名誉及利益,愚人所爱乐,在这里讲的名人,不是常说的名人,而是指真正有名字的人、大写的人、重生的人、得救的人。《西游记》里的孙悟空被如来佛压在五指山下500年,被唐僧救了,还给他起了个名字叫孙悟空,这下他可高兴了,满山遍野大喊大叫:"我有名字了!我有名字了!"什么叫名字?短短几个字,名字的背后意味着有能力者对我们生命的命名,是我们存在的证明、生活的印记,人是从名字开始度过漫长一生的,连从石头缝里蹦出来的孙悟空也不例外。孙悟空本来给自己取了个名字叫"美猴王",除了那群猴子,谁认他是王?人不能自己给自己命名,大家都说好才算是好。

　　刚开始的时候,名利是好的,士兵为了祖国的荣誉,商人为了家族

的利益，他们去拼搏这是好的，但拼着拼着味道就变了，名利成了毒药、鸦片。

弘一法师是能真正看破名利的，他出生富商家庭，懂得"利"字；他曾留洋日本，风光得很，懂得一个"名"字。人家羡慕他，不是羡慕他的人，而是羡慕他的名和利。当他全盛时，多少人想从他身上得好处，没想到弘一扔掉了名与利，要回了自己的人，那些围着他转的人当然不满意，但真正爱他的朋友们是能够理解的。名利绝对是一个大陷阱，猎人诱杀野兽的常用手段就是在夹子上放块肉，欢迎你来。名利这块肉不好吃，野兽也不好当，没有不被野兽吃掉的野兽。你眼前的肉越大，肉底下的夹子就越大。设陷阱的是猎人，撒网的是渔人，给你名利好处的是高人。这种高人坏透了，但他在那个位置上你也拿他没办法，但是你如果不吃他的肉，他就利用不到你，还是吃"素"好啊。

要断然抛弃名利，否则难逃尴尬下场。贾王史薛四大家族何等威风，但他们忘了名利是皇帝给的，皇帝可以随时收回。皇帝的名利又是谁给的呢？老天爷给的，当然老天爷也可以随时收回。世界上最不长久的就是名利，偏偏有人以为它最长久。你要是真好名利就应该去为国家民族做点事情，为人类做点事情，大家自然就会记住你。但是你要舍得，甚至有可能牺牲自己，这太难了，几乎不可能。但世界上的确有这种人。我们应该抓紧他的手，再不放开，真正干一番轰轰烈烈的大事情。有的事业也是轰轰烈烈的，魔鬼的做法也很激情，魔鬼的人生也很精彩，魔鬼的名气比谁都大。真正做事业的人不行魔道，行正道，自然能做出大名堂。说到这里笔者跟大家聊一个人，那就是他心目中的大英雄谢安。谢安隐居东山很多年，最终东山再起，击败了当时的两个大魔头：一个就是扬言要"投鞭断流"的前秦天王苻坚，另一个就是说过不怕遗臭万年的桓温。这两个人都是大魔头，有一个足以危害天下，何况两个。但谢安行的是正道，用的是善法，再加上老天爷的助力，手下人心齐，在淝水之战中一举击败苻坚百万大军。笔者在此并不是说谢安的谋略有多高，而是说他走正道、行善法，这是成功的关键。连我们的诗仙李白也忍不住写诗赞叹："但用东山谢安石，为君谈笑静胡沙。"谢安的名气太大了！

有时候我们要名气大，才能做成一些事，名气小了没号召力，赵朴初先生和南怀瑾先生用他们的名气做了很多好事，这很好。有时候名气也没效果，名人难当，此中利害须权衡。

弘一法师是中国名气最大的和尚之一，他的名气好，他的名气吸引我们了解佛法，深入艺术，有益于我们的人生。

名，是一种荣誉、一种地位。有了名，通常可以万事亨通，光宗耀祖。名这东西确实能给人带来诸多好处，因而不少人为了一时的虚名所带来的好处，会忘我地去追求它。

然而，沉溺于名会让你找不到充实感，让你备感生活的空虚与落寞。尤为可怕的是，虚名在凡人看来往往闪耀着耀眼的光芒，引诱你去追逐它。尽管虚名本身并无任何价值可言，也没有任何意义，但是总有那么一些人为了虚名而展开搏杀。真正体会到生命的意义、人生的真谛的人都不会看重虚名。其实，实在没有必要为了得到一个毫无价值、毫无意义的虚名而去钩心斗角，弄得邻里打得头破血流、朋友反目成仇、兄弟自相残杀。

人的一生面临许多关卡，许多事情都是难以预料的。不管是名分、地位还是财富，都不是自己所能决定的。或许高官厚禄、巨额钱财在顷刻之间就会离你而去，荣耀风光成为黄粱一梦；一些人老谋深算，为了争名夺利，不择手段地算计他人，可在突然之间却已被他人算计。人何必活得这么辛苦，又何必活得这么低贱？因此，淡泊名利是人生幸福的重要前提。如果你渴望轻松，渴望真正的获得生命的意义，那么请记住——看淡名利。

把得意当无意是高手，把得意当失意是圣人

　　任何一个人，若无贫穷疾病等苦，将日奔驰于声色名利之场而莫之能已。谁肯于得意烜赫之时，回首做未来沉溺之想乎？

　　这段话的意思是：被世间的链条捆绑住了的凡夫俗子，只要一天不受穷、只要一天不生病，马上就去整日追逐名利而停不下来。谁肯在得意的时候，会想到未来还有不得意的时候？

　　王勃在《滕王阁序》里写道"杨意难逢"，抒发自己怀才不遇的牢骚。查《汉书》，这个"杨意"即杨得意，是汉朝的一个名士兼大官，颇有识才之雅量，但最后杨得意本人也看走了眼，皇帝并不信任他，被撤了职。你看，连杨得意都得意不起来，何况你我？

　　把得意当无意是高手。人心无限，世路有限。我们对这个世界所知甚少，对它的规律摸得不透，因此老出意外是正常的。等我们摸透世界那天，又不是原来那个世界了。在这两头的中间，千万不能得意，一得意就摔跟头。佛经上把世界的不可捉摸称为"无常"，把因此而产生的烦恼称为"无名"，成语"无名业火"就出于此。阴沟里可能翻船，车又可能平了阴沟，人又可能抛下车走路，那路可能瞬间消失在茫茫原野。日本《古事纪》上记载了雄略天皇行幸吉野，与舞女欢娱时作了一首和歌："人神拂琴吴床上，曼舞少女愿永存。"人神指"现世神"天皇，吴床即中国传过来的胡床。此歌讲天皇潇洒地坐在中国式床上，观看少女的轻歌曼舞，那少女大受宠幸，希望此情此景可以永存。他们的愿望是美好的，但显然不大可能。且看后世同为天皇之家的天智天皇妃作的和歌："枝头青翠色，流连任赏观。为有此般恨，吾心爱秋山。"

最后一句颇为解脱，但倒数第二句已有"恨"矣，不再那么乐观。天皇之家尚且如此，平民之家可想而知。江户时期的著名歌人下河边长流作歌曰："富士岭上纵目望，天地依微不可分。"已让人有暮色苍茫之感。而另一位歌人木下长啸子的《辞世》："犹能寄身草叶外，浮生如露今欲消。"令人鼻酸。最让人感受人生阴冷的是细川幽斋的和歌："月面添得亡人影，自觉秋风凛冽寒。"简直不是人间笔调，而是幽灵在唱歌。大和民族地处小岛，情感细腻，于人生的种种无常感受极深，因此大都亲近佛法，是海中佛国，颇具善缘。空海西渡，鉴真东来，撒下善道种子，遍开性海莲花。其国虽为海上小岛，颇得神佛之佑。元蒙之时，蒙古兵东渡海峡，若无神风大起，早就登陆本岛，满岛尽是蒙古人矣。蒙古人亦亲近佛法，成吉思汗甚敬神佛，以大喇嘛为国师，以藏传佛教为国教。又知敬道教，并且尊崇基督，允许教士东西方自由传道。即使这样，蒙古人杀孽太重，犯了天条，很快，世界第一帝国就自行瓦解了。成吉思汗临终授命，其况凄凉。《蒙古秘史》上记载成吉思汗这样对他的护卫长说：在有星辰的夜晚，朕的帐篷灯火辉煌，那时你们厚重的铠甲披满严霜，为朕把守。大意非常有诗意，也非常凄凉。古今第一大英雄所遭遇的并非古今第一大难题，而是人人都不能幸免的"无常"。任你天皇天骄、帝王将相、王子王孙，都不能免。遥想蒙古帝国全盛时何等得意，西边到多瑙河，东边到朝鲜，北边到莫斯科，南边到印度，大半个地球都是他们的，他们以为凭铁蹄就可以从地面踏到天上，但他们错了。得意之时，他们没有罢手，到后来只能断手了。欢乐不可尽享，要把得意当无意。如果你突然被人推到高位上，要当它不过是做了一个梦；如果你有满钵的金银，要当它不过是一摊水；如果你怀抱无数的情人，要当它是夜深时的繁花，虽然很香，但你很快就看不见了。

把得意当失意是圣人境界。

孔子活着的时候已被尊为圣人，但他从不敢当，相反，一天到晚充满忧虑。

耶稣到哪里都是衣衫朴素，仿佛失魂落魄。

佛陀一双佛眼满眼是泪，常是苦相。

圣人能知万人的心，并执掌万国的权柄，要说得意，圣人最得意，但他为何反觉得失意？因为慈悲。他们的存在同时证明了世人的沉沦，需要救赎普度。他们宁愿失去自我，让所有人成为人，这是他们共同的梦想。

第三章

屈伸之道恰到好处
——耐心坚守,灵活变通

忍耐是一种魅力,是恰到好处的开始;忍耐是一门哲学,是你的生存之道;忍耐是一种精神,是你的登顶之作。忍耐,是岩壁生长的青松,刚硬而坚强;忍耐,是大雪压弯的枝头,厚重而沉稳;忍耐,是冬雪初化的河流,隽永而长久。忍耐不是懦弱,而是一种自我控制的能力,一种审时度势的智慧,一剂保全自己的良方,一种主动收缩的调整,一种经历挫折的持重,忍耐让人生不断蜕变。面对种种的不如意,多忍耐一些,才会收获恰到好处的人生。

理性地妥协，隐性地忍耐

有所忍，有所不忍，在利于大局的情况下，忍是一种智慧；在鸡毛蒜皮的小事上，忍是一种涵养；在人际交往中，忍是一种气度。幸福的人，从来不会在毫无意义的事情上发火动怒，只有生活中的智者，才能品味出忍的力量。

忍耐并非软弱，它显示着一种力量，是内心充实、无所畏惧的表现。古人说："君子之所以取远者，则必有所持。所就者大，则必有所忍。"忍是一种强者的心态，更是一个人的修养。在现实生活中，大凡幸福的人都善于忍耐，忍耐是为了给自己留有余地，而有了余地方能掌控住大局。

陆游说："小忍便无事，力行方有功。"它说明了忍在人生行事过程中的必要性。

忍是一种幸福的人才具有的精神品质。那些表面上盛气凌人、气势汹汹、不可一世的人，内心实际上是空虚软弱的。忍，有时看似是自己无能，大多是因为有更高的境界和更高的追求。

在现实生活中，人或许会遇到这样一种情况，它可能是一种平白无故的批评，也可能是一种莫名其妙的指责；它可能来自于同事和朋友们的误解，也可能是出于某些不安好心的人的唆使和阴谋。在这种情况下，如果我们不明察事理，立刻进行反击，则很容易把事情弄糟，甚至是把好事办成坏事，而"忍"则有助于我们去处理好这些问题。

清朝时，两家邻居因一道墙的归属问题发生争执，欲打官司。其中一家请求在京当大官的亲属张廷玉帮忙。张廷玉没有出面干预这件事，只是给家人写了一封信，力劝家人放弃争执。信中有这样几句话："千里修书只为墙，让他三尺又何妨？万里长城今犹在，不见当年秦始皇。"家人听从了他的话，邻居也觉得很不好意思，两家终于握手言和，并由你死我活地争执变成了真心实意地谦让。

"忍"是一种幸福智慧，即使是聪明的人，在问题无法通过积极的方式解决时，也应该采取暂时忍耐的方式来处理，这可以避免时间、精力等"资源"的继续投入。在胜利不可得，而资源消耗殆尽时，忍耐可以立即停止消耗，使自己有喘息、休整的机会。也许你会认为聪明的人不需要忍耐，因为他资源丰富而不怕消耗。理论上是这样，但实际问题是，当弱者以飞蛾扑火之势咬住你时，聪明人纵然得胜，也是损失不小的"惨胜"。所以，聪明的人在某些状况下也需要忍耐。可以借忍耐的和平时期，来改变对你不利的因素。

"忍"有时候会被认为是屈服、软弱的投降动作，但若从长远来看，"忍"其实是低调务实、通权达变的智慧，凡是聪明的人，都懂得在恰当的时机忍耐，毕竟人生存靠的是理性，而不是意气。忍耐常有附带条件，如果你是弱者，并且主动提出忍耐，那么虽然可能要付出相当的代价，但却可以换得"存在"的空间和余地；"存在"是一切的根本，没有"存在"，就没有明天，没有未来。也许这种附带条件的忍耐对你不公平，让你感到屈辱，但用屈辱换得存在，换得希望，显然也是值得的。

智忍成就人生，愚忍削足适履

"智忍成就人生，愚忍削足适履"，很有些哲学的味道，其核心就是一个"忍"字。所谓"心字头上一把刀，遇事能忍祸自消。"所谓

"忍得一时之气，免却百日之忧。"

生活中离不开忍，英雄等待出头之日，需要忍，别人打你耳光需要忍，甚至连夫妻之间相处也需要忍。忍中具有道德、智慧，忍中具有真善美。在忍中不觉得苦，不觉得累。所以，忍是一个人生存的第一能力。生活中，我们都需要忍，都要学会忍。

"智忍成就人生，愚忍削足适履"，这句话在民间极为流行，甚至成为一些人用以告诫自己的座右铭。的确，这句话包含有智慧的因素，有志向、有理想的人，有广阔的胸襟、远大的抱负。只有如此，才能成就大事，从而达到自己的目标。

做人要学会忍，尤其对那些性情暴躁之人，一定要控制好自己的情绪，遇事不要轻易发火，要学会容忍；否则，得罪人多了不利于自己日后的发展。所谓"智忍成就人生，愚忍削足适履"，凡成就一番大业者，皆善于忍耐。

当人感觉受到伤害时，愤怒是一种本能的反应。

古人有"怒伤肝"的说法，生气对身体有百害而无一益。古希腊哲学家毕达哥拉斯认为人在盛怒下常常会做出不理性的行为，他说："愤怒从愚蠢开始，以后悔告终。"现实生活中，因一时愤怒酿成大错或大祸的事，绝非少见。

美国著名的巴顿将军就有过这么一次。

巴顿将军某日来到前线医院看望伤员。他走到一位病号面前，病号正在抽泣。

巴顿将军问："你为什么抽泣？"病号抽泣说："我的神经不好。"巴顿又问："你说什么？"病号回答说："我的神经不好，我听不得炮声。"

巴顿将军勃然大怒："对你的神经我无能为力，但你是个胆小鬼，你是个混蛋！"然后，巴顿将军给了这个病号一记耳光，并说："我不允许一个王八蛋在我们这些勇敢的战士面前抽泣。"他再次给了这个病号一记耳光，把病号的军帽丢至门外，同时又大声对医务人员说："你们以后不能接收这种人，他们一点儿事儿也没有，我不允许这种没有半点儿男子汉气概的王八蛋在医院内占据位置。"

巴顿将军再次大声对这个病号吼道："你必须到前线去，你可能被打死，但你必须上前线。如果你不去，我就命令行刑队把你毙了。说实在话，我真想亲手把你毙了。"

这件事很快被媒体披露，在美国国内引起了强烈的反响。许多母亲要求撤巴顿将军的职，有一个人权团体还要求对巴顿将军进行军法审判。尽管后来马歇尔从大局出发，巧妙地化解了这件事，但巴顿将军还是因为打骂士兵而声名狼藉。这种轻率、浮躁的作风以及政治上的偏见，也为他战后被撤职埋下了祸根。

事情就是这样，争一争，行不能；让一让，六尺巷。古代开明之士尚且能如此，今日同志之间的一些小是小非，更应该礼让为先。

"智忍成就人生，愚忍削足适履"，成语"负荆请罪"的故事传为千古美谈。蔺相如身为宰相，位高权重，而不与廉颇计较，处处礼让，何以如此？为国家社稷也。"将相和"则全国团结；国无嫌隙，则敌必无机可乘。蔺相如的忍让，正是为了国家安定之"大谋"。

总之，在生活中，如果你想发怒，你该先想想这种爆发会产生什么后果。如果发怒会损害你的身心健康和利益，那么你为何不约束自己呢？

做人要能控制自己的情绪，冷静地对待所发生的事情，并理智地采取对策，使自己立于不败之地。

多一分耐心，少一分伤害

只要拥有真正幸福的人生，有才干，不管自己忍耐多久，终究会有出头之日，而且自身的忍耐力反而会更加富有魅力和内涵。人生很多时候都需要忍耐，忍耐误解、忍耐寂寞、忍耐贫穷、忍耐失败。

苏轼在《留侯论》中说："忍小忿而就大谋。"这是忍匹夫之勇，以免莽撞闯祸而败坏大事。

忍小利而图大业。这是"毋见小利。见小利，则大事不成。"

在中国传统的观念里，忍耐也是一种美德。这一观点尽管与现代这种竞争社会不合拍，但是，很多学者已经发现，中国传统文化里有些东西并没有过时，相反，其中的学问博大精深，如果运用于现代人的生活，必将使人们受益匪浅。其中，忍耐就大有学问，忍耐包括很多种。当与人发生矛盾的时候，忍耐可以化干戈为玉帛，这种忍耐无疑是一种大智慧。

人们常说，忍字头上一把刀。这把刀，让你痛，也会让你痛定思痛；这把刀，可以削平你的锐气，也可以雕琢出你的勇气。只要我们仍然身处在种种算计和争斗里，有些纷扰就永远不会结束。

唐代著名高僧寒山问拾得和尚："今有人侮我、冷笑我、藐视我、毁我伤我、嫌我伤我、嫉我恨我，则奈何？"拾得和尚说："子但忍受之、依他、让他、敬他、避他、苦苦耐他、装聋作哑、漠然置他、冷眼观之，看他如何结局？"这种忍耐里透着的是智慧和勇气。

有人说，忍耐就是一种妥协。其实，妥协不是简单地让步，而是在知己知彼的基础上达成了一种共识。不管是生活，还是工作，妥协都不仅仅是为了"家和万事兴"、"安定团结",而且还隐藏着一种坚持,这种坚持实际上就是一种坚定的决心。

人生不可能总是风调雨顺,当遇到不如意、不痛快,甚至是灾难时,一个人的忍耐力往往就能发挥出奇制胜的作用。很多时候,因为小事忍不住,而坏了大事,这是得不偿失的。

三国时,诸葛亮辅佐刘备在祁山攻打司马懿,可司马懿就是不出来应战。诸葛亮用尽了一切手段,竭尽所能地侮辱司马懿,但司马懿对诸葛亮的侮辱总是置之不理。总之,司马懿就是不出来与诸葛亮交锋。等到诸葛亮的粮食吃完了,不得不退兵回蜀国,战争就这样结束了。诸葛亮6次出兵祁山,每次都是无功而返。司马懿之所以不战而胜,就是因为一个"忍"字。

与别人发生误会时的忍耐,那只是一时的容忍,比较容易做到。难得的是在漫长时间里,忍受着各种各样的折磨,而只为实现心中的理想。这种忍耐力是难能可贵的,但也是做人最应该拥有的一种能力。

大庭广众之中,众目睽睽之下,如果互相谩骂攻击,不仅有伤风化,使你斯文扫地,还破坏了社会的文明形象。当然,有时要做到忍,也的确不易。虽然忍耐是让人痛苦的,但最后的结果却是甜蜜的。因此,遇事要冷静,要先考虑一下后果,本着息事宁人的态度去化解矛盾,这需要有非凡的忍耐力才行。

人生总有低谷、有巅峰。只有那些在低谷中还能坦然处之的人,才是真正有智慧的人。走过低谷,前面就是海阔天空。回过头来,那些在低谷里忍耐的日子,那些在苦难中挣扎的日子,那些在寂寞里执著的日子,都会显得弥足珍贵。

培养忍耐力，不轻易发怒

"忍"虽然博大精深，但只要做到制怒，便不难领悟其中的幸福真谛。

要想百川入海，就须常念"忍"字诀，不但是要忍别人所加的侮辱詈骂，而且要在穷困痛苦的逆境中，能忍颓丧卑鄙之念不生；在富贵顺遂的顺境里，能忍骄矜沉迷之心不起。这样才能做到根除烦恼，心静如水。这样，才能体现忍者的心胸比海阔。

许多人都会在自觉与不自觉之间信奉着一个字——"忍"，虽然信奉"忍"字的人很多，然而真正了解它内涵的却少之又少。许多人将一幅幅的"忍"字字画悬挂于客厅、卧室、钥匙扣……之上，然而他们就像"叶公好龙"一般，喜欢的不是真"忍"，而是书画上的假"忍"。

忍辱是制怒的一部分，在面对一些无理取闹之人的讽刺与侮辱时，能够释放于心外才能制怒。

要知道，如果我们欲成就一番事业，就应该时刻注意学会制怒，不能让浮躁愤怒左右我们的情绪。在生活中我们经常看见很多人为了一点很小的事情而怒容满面，甚至与他人大打出手，这是欲成大事者的大忌。我们每个人都避免不了动怒，愤怒情绪是人生的一大误区，是一种心理病毒。克制愤怒是人生的必修课，那些怒火横冲直撞而不加抑制的人是难成大器的。

我们分析一下，从明朝几经沉浮的官员李三才的失败根源中就不难发现这一点。

明神宗时的曾官至户部尚书的李三才可以说是一位好官,为什么这么说呢?当时他曾经极力主张罢除天下矿税,减轻民众负担;而且他疾恶如仇,不愿与那些贪官同流合污,甚至不愿与那些人为伍。但是他在"忍"上的造诣却太差。

有次上朝,他居然对明神宗说:"皇上爱财,也该让老百姓得到温饱。皇上为了私利而盘剥百姓,有害国家之本,这样做是不行的。"李三才毫不掩饰自己的愤怒、说话也不客气的行为激怒了明神宗,他也因此被罢了官。

后来李三才东山再起,有许多朋友都担心他的处境,于是劝他说:"你疾恶如仇,恨不得把奸人铲除,那也不能喜怒挂在脸上,让人一看便知啊。和小人对抗不能只凭愤怒,你应该巧妙行事。"李三才则不以为然,反而认为那样做是可耻的,他说:"我就是这样,和小人没有必要和和气气的。小人都是欺软怕硬的家伙,要让他们知道我的厉害。"没过多久,李三才又被罢了官。

回到老家后,李三才的麻烦还是不断。朝中奸臣担心他再被重新起用,于是继续攻击他,想把他彻底搞垮。御史刘光复诬陷他盗窃皇木,营建私宅,还一口咬定李三才勾结朝官,任用私人,应该严加治罪。李三才愤怒异常,不停地写奏书为自己辩护,揭露奸臣们的阴谋。

他对皇上也有了怨气,居然毫不掩饰愤怒情绪,对皇上说:"我这个人是忠是奸,皇上应该知道。皇上不能只听谗言。如果是这样,皇上就对我有失公平了,而得意的是奸贼。"

最后,明神宗再也受不了他了,便下旨夺去了先前给他的一切封赏,并严词责问他,于是李三才彻底失败了。

古人常说"喜形不露于色",而李三才却不明白这一点,不分场合、不分对象地随意发怒,自然只能产生失败的后果了。

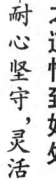

忍耐嘲讽，举世瞩目

在狂风暴雨中，飞禽会感到哀伤忧虑而惶惶不安；晴空万里的日子，草木茂盛而欣欣向荣。由此可见，天地之间不可以一天没有祥和之气，而人的心中则不可以一天没有喜悦的神思。

这就要求我们做到"忍"。

受辱之时，要忍，这样便能消除烦恼，大事化小，小事化了，而且又能感动对方，出现一些意想不到的好效果。人心都是肉长的，人心也都是可以烘热的，你的不气，你的忍让，不仅免除了纷争，很可能换来对方的义举，事情会得到更圆满的解决。

天底下有能耐的好人本来就不多，应该想着同心协力为社会多做贡献。不能因为各自的思想方法不同、性格上的差异，甚至微不足道的小过节而互相诋毁，互相仇视，互相看不起。古人说："二虎相争，必有一伤。"这样做下去，其实谁都不好受。

宋朝的王安石和司马光十分有缘，两人在公元1019年与1021年相继出生，仿佛有约在先，年轻时，都曾在同一机构担任完全一样的职务。两人互相倾慕，司马光仰慕王安石绝世的文才，王安石尊重司马光谦虚的人品，在同僚们中间，他们俩的友谊简直成了某种典范。

做官好像就是与人的本性相违背，王安石和司马光的官愈做愈大，心胸却慢慢地变得狭窄起来。相互唱和、相互赞美的两位老朋友竟反目成仇。倒不是因为解不开的深仇大恨，人们简直不相信，他们是因为互不相让而结怨。两位智者名人，成了两只好斗的公鸡，雄赳赳地傲视着对方。

有一回，洛阳国色天香的牡丹花开，包拯邀集全体僚属饮酒赏花。席中包拯敬酒，官员们个个善饮，自然毫不推让，只有王安石和司马光酒量极差，待酒杯举到司马光面前时，司马光眉头一皱，仰着脖子把酒喝了，轮到王安石，王执意不喝，全场哗然，酒兴顿扫。司马光大有上当受骗、被人小看的感觉，于是喋喋不休地骂起王安石来。一个满脑子知识智慧的人，一旦动怒，开了骂戒，比一个泼妇更可怕。王安石以牙还牙，祖宗八代地痛骂司马光。

自此两人结怨更深，王安石得了一个"拗相公"的称号，而司马光也没给人留下好印象，他忠厚宽容的形象大打折扣，以致苏轼都骂他，给他取了个绰号叫"司马牛"。

到了晚年，王安石和司马光对他们早年的行动都有所悔悟，大概是人到老年，与世无争，心境平和，世事洞明，可以消除一切拗性与牛脾气了。

王安石曾对侄子说，以前交的许多朋友，都得罪了，其实司马光这个人是个忠厚长者。司马光也称赞王安石，夸他文章好，品德高，功劳大于过错，仿佛是又有一种约定似的，两人在同一年的5个月之内相继归天，天国是美丽的，"拗相公"和"司马牛"尽可以在那里和和气气地做朋友，吟诗唱和了，什么政治斗争、利益冲突、性格相违，已经变得毫无意义了。

朋友之间相处，需要用"忍"来化解彼此之间的矛盾。人和人都是不同的，对于性格、见解、习惯等方面的相异，要以忍为重，若是"疾风暴雨、迅雷闪电"，就会影响朋友之间的关系，甚至导致友谊破裂，反目成仇；而若忍于面对彼此的不同，进而欣赏对方的优点，则对方也会对你加以赞美。这样一来，你们的"祥"和"瑞"也就更多了。

我们生活的现实社会日新月异、变化无穷，我们面临的竞争也越来越激烈，但我们切不可忘记也不要忽视"忍"。人生之所以多烦恼，皆因遇事不肯忍一步，其实，这是很愚蠢的做法。

守柔不争，得天庇护

恰到好处要求人们应在一些容易被激怒的情形下，保持自己的风度，"以忍为进"，让别人看到一个聪慧大度的你。

很多人在争吵的时候都不肯先低头，无论对方是男人还是女人，仿佛争吵不胜是自己最丢人的事情，尤其是对同性，这或许就是"同性相斥"的最好解释吧！对于与异性的争吵而言，其实在很多时候明明心里已经原谅对方了，只是不肯先认错、低头罢了。

争吵并不是解决问题的唯一方法，许多时候的争吵往往都是缘于小事，然而正是因为这些小事却造成了许多无法挽回的错误。

在现实生活之中，有多少的口角、争斗与矛盾是由于失于忍而造成的呢？诸如我踩你一脚、你回我一眼，而且出言不逊，接着双方就怒目相对，仿佛是不共戴天的仇敌；或是在排队时争相推抢，一有得失，便恶言恶语，甚至于当众出手……诸如此类的生活琐事，不胜枚举。其实这些小事，只要稍稍忍耐一下，便会烟消云散，天地清明。这道理甚为简单。

忍是一种妥协，是一种策略，但并不是屈服和投降，它其实是一种非常务实、通权达变的智慧。

一次，在公共汽车上一个男青年往地上吐了一口痰，被售票员看到了，对他说："同志，为了保持车内的清洁卫生，请不要随地吐痰。"

没想到那个男青年听后不仅没有道歉，反而破口大骂，说出一些不堪入耳的脏话，然后又狠狠地往地上连吐3口痰。

那位售票员是个年轻的姑娘，此时气得面色涨红，眼泪在眼眶儿里直转。车上的乘客议论纷纷，有为售票员抱不平的，有帮着那个男青年起哄的，也有挤过来看热闹的。大家都关心事态如何发展，有人悄悄地说快告诉司机把车开到公安局去，免得一会儿在车上打起来。没想到那位女售票员定了定神，平静地看了看那位男青年，对大伙说："没什么事，请大家回座位坐好，以免摔倒。"一面说，一面从衣袋里拿出手纸，弯腰将地上的痰迹擦掉，扔到了垃圾箱里，然后若无其事地继续卖票。

看到这个举动，大家愣住了。车上鸦雀无声，那位男青年的舌头突然短了半截，脸上也不自然起来，车到站还没有停稳，就急忙跳下了车，刚走了两步，又跑了回来，对售票员喊了一声："大姐！我服你了。"车上的人都笑了，七嘴八舌地夸奖这位售票员不简单，真能忍，虽然骂不还口，却将那个浑小子制服了。

这位女售票员面对辱骂，如果忍不住与那位男青年争辩，只能扩大事态；与之对骂，又损害了自己的形象；默不作声，又显得太亏了。她请大家回座位坐好，既对大伙儿表示了关心，又淡化了眼前这件事，缓解了紧张的气氛；她弯腰若无其事地将痰迹擦掉，此时无声胜有声，比任何语言表达的道理都有说服力，不仅感动了那位男青年，也教育了大家。

在生活中，我们也难免会碰到一些蛮不讲理的人，甚至是心存恶意的人，有时还会无缘无故地遭到这种人的欺侮和辱骂。每当遇到这样的事，常让人觉得忍无可忍。可是，不忍就会正好成了对方的出气筒，也给自己带来不必要的麻烦。这正如一首诗说的那样："忍字头上一把刀，遇事不忍祸必招；如能忍住心中气，过后方知忍字高。"

真拿吵架当回事的人会很有体会——吵架真的很伤感情，它甚至还会让人气得脸色发白、血压升高甚至吃不下饭，心浮气躁，劳神伤身。

慢慢你就会发现，许多争吵都是无意义的，和睦、和谐才是幸福的。可以多用一些客气的口头用语，在很多情况下就会避免吵架。总

之,架还是少吵为妙,毕竟人在气头上,难免会做一些不明智的举动,说一些伤人的话。

生活中,不能爆竹脾气一点就着,不能针尖儿对麦芒,你倔他更犟。如果这时候我们能有意识地让自己冷静下来,该受点委屈就受点委屈,该忍让时就忍让,我们的人生就会由此进入一个更新的境界。

大凡世上的无谓争端多起于小事,一时不能忍,铸成大祸,不仅伤人,而且害己,此乃匹夫之勇。凡事能忍者,不是英雄,至少也是达士;而凡事不能忍者纵然有点愚勇,终归城府太浅。

"屈"是"伸"的积蓄阶段

能屈能伸,"屈"是暂时的,暂时地忍辱负重是为了长久的事业和理想。不能忍一时之屈,就不能使壮志得以实现,使抱负得以施展。"屈"是"伸"的准备和积蓄的阶段,就像运动员跳远一样,屈腿是为了积蓄力量,把全身的力量凝聚到发力点上,然后将身跃起,在空中舒展身体以达到最远的目标。

古来成大事者必是能屈能伸的伟丈夫。人生处世有两种境界:一是逆境,二是顺境。在逆境中,困难和压力逼迫身心,这时应懂得一个"屈"字,委曲求全,保存实力,以等待转机的降临。在顺境中,幸运和环境皆有利于我,这时当懂得一个"伸"字,乘风万里,扶摇直上,以顺势应时更上一层楼。

何谓屈?何谓伸?何谓能屈能伸?善屈善伸,大屈大伸!屈,是一种难得的糊涂,一种"水往低处流"的谦逊;"屈",是在困境中求生存的"耐",在负辱中抗争的"忍",在名利纷争中的"恕",在与世无争中的"和"。"伸",是忍让的谋略,以弱胜强的气概。伸是无可无不可的两极思维,是有也不多、无也不少的自如心态。

春秋时,越王勾践夫妇曾被抓做人质,去给夫差当奴役,从一国之君到为人仆役,这是多么大的羞辱啊。但勾践忍了、屈了。是甘心为奴吗?当然不是,他是在伺机报仇复国。

到了吴国后,他们住在山洞石屋里,夫差外出时,他就亲自为之牵马。有人骂他,也不还口,始终表现得十分驯服。

一次,吴王夫差病了,勾践在背地里让范蠡预测一下,得知此病不久便可痊愈。于是勾践去探望夫差,并亲口尝了尝夫差的粪便,然后对夫差说:"大王的病不久就会好的。"夫差就问他为什么。勾践就顺口说道:"我曾跟名医学过医道,只要尝一尝病人的粪便,就能知道病的轻重,刚才我尝大王的粪便味酸而稍有点苦,所以您的病很快就会好,请大王放心!"果然,没过几天夫差的病就好了,夫差认为勾践比自己的儿子还孝敬,十分感动,就把勾践放回了越国。

勾践回国后,依旧过着艰苦的生活。一是为了笼络大臣和百姓,二是因为国力太弱,为养精蓄锐,报仇雪耻。他睡觉时连褥子都不铺,而铺的是柴草,还在房中吊了一个苦胆,每天尝一口,为的是不忘所受的苦。

吴王夫差放松了对勾践的戒心,勾践正好有时间恢复国力,厉兵秣马,终于可以一战了。两国在五湖决战,吴军大败全输,勾践率军灭了吴国,活捉了夫差,两年后成为霸王,正所谓"苦心人,天不负,卧薪尝胆,三千越甲可吞吴"。

勾践所受之辱,所担之苦,可以说达到极点了。但他熬了过来,不仅报了仇、雪了耻,还成了当时的霸王。正是"先当孙子后当爷",如果当时不屈,当"孙子"时就死了,还能成"爷"吗?

要想成就一番大事业就得忍受常人所不能忍受的耻辱。历史将赋予

你重大的任务，你就要做好吃苦受辱的准备，那不仅是命运对你的考验，也是自己对自己的验证。面对耻辱，要冷静地思考：不接受会不会出现生命的劫难，会不会从此一蹶不振永难再起？如果真存在这种情况，那么就要三思而后行，而不是鲁莽地凭自己的一时意气用事。因为人在遭遇困厄和耻辱的时候，如果自己的力量不足以与彼方抗衡，那么最重要的是保存实力，而不是拿自己的命运做赌注，做无谓的争取。一时意气用事是莽夫的行为，决不是成就大事业的人的作为。

做人还须保持一份受辱的大度，当受到他人侮辱时也不要急于怒形于色，一个人有宁可忍辱、息事宁人的胸襟，在人生的旅途中自会觉得妙处无穷，对自己的前程也必将是受用不尽。

大丈夫根据时势，需要屈时就屈，需要伸时就伸，可以屈时就屈，可以伸时就伸。屈于应当屈的时候，是智慧；伸于应当伸的时候，也是智慧。屈是保存力量，伸是光大力量；屈是隐匿自我，伸是高扬自我；屈是生之低谷，伸是生之巅峰。随时势能屈能伸，柔顺如同薄席，可卷可张，这不是出于胆小怕事；刚强、勇敢而又坚毅，从不屈服于人，这不是出于骄傲暴戾。

大丈夫有起有伏，能屈能伸。起，就起他个直上云霄；伏，就伏他个如龙在渊；屈，就屈他个不露痕迹；伸，就伸他个清澈见底。这是多么奇妙、痛快、潇洒的境界。

第四章

竞争合作恰到好处
——适度竞争，精诚合作

竞争的最终目的如果只是为了得到一个你死我活的结局，那就是一种最原始、也最不人道的竞争了。合作要想恰到好处，竞争何不也换一种方式呢？如果竞争的双方能够在竞争中达成共赢，下一盘和棋，双双获利，不是更好吗？

互惠互利，利人利己

双赢观就是在最大限度内寻求利益双收的观念，即互惠互利，利人利己。

利人利己可使双方互相学习、互相影响及共享其利。要达到互利的境界，必须具备足够的勇气及与人为善的胸襟，尤其与损人利己者相处更得这样。要培养这方面的修养，少不了过人的见地、积极主动的精神，并且应以安全感、人生方向、智慧与力量作为基础。我们都应该具备这样的观念，在竞争与合作中让自己活得有精神。

品格是利人利己观念的基础，以下3项品格特质尤其重要：真诚正直：人若不能对自己诚实，就无法了解内心真正的需要，也无从得知如何才能利己。同理，对人没有诚信，就谈不上利人。因此，缺乏诚信作为基石，"利人利己"便成了骗人的口号。

成熟也就是勇气与体谅之心兼备而不偏废。有勇气表达自己的感情与信念，又能体谅他人的感受与想法；有勇气追求利润，也顾及他人的利益，这才是成熟的表现。许多招考、晋升与训练员工使用的心理测验，目的都是在测试个人的成熟程度。

只可惜常人多以为魄力与慈悲无法并存，体谅别人就一定是弱者。事实上，人格成熟者严于律己，宽以待人。在需要表现实力时，人格成熟决不落于损人利己者之后，这是因为他不失悲天悯人、与人为善的胸襟。

徒有勇气却缺少体谅的人，即使有足够的力量坚持己见，却无视他人的存在，难免会借助自己的地位、权势、资历或关系网，为私利而害人。

但过分为他人着想而缺乏勇气维护立场，以致牺牲了自己的目标与理想也不足为训。

勇气和体谅之心是双赢思维不可或缺的因素，两者间的平衡才是真正成熟的标志。有了这种平衡，我们就能设身处地地为对方着想，同时又能勇敢地维护自己的立场。

富足心态：一般人都会担心有所匮乏，认为世界如同一块大饼，并非人人得而食之。假如别人多抢走一块，自己就会吃亏，人生仿佛一场游戏。难怪俗语说："共患难易，共富贵难。"见不得别人好，甚至对至亲好友的成就也会眼红，这都是"乏匮心态"在作祟。抱持这种心态的人，甚至希望与自己有利害关系的人小灾小难不断，疲于应付，无法安心竞争。

他们时时不忘与人比较，认定别人的成功等于自身的失败。纵使表面上虚情假意地赞许，内心却妒恨不已，唯独占有能够使他们肯定自己。他们又希望四周都是对其唯命是从的人，不同的意见则被视为叛逆、异端。

相形之下，富足的心态源自厚实的个人价值观与安全感。由于相信世间有足够的资源，人人得以分享，所以不怕与人共名声、共财势，从而开启无限的可能性，充分发挥创造力，并提供宽广的选择空间。

公众的成功并非压倒别人，而是追求对各方都有利的结果。经由互相合作，互相交流，使独立难成的事得以实现。这便是富足心态的自然结果。

要想潜移默化地扭转损人利己者的观念，最有效的方式莫过于让他们多和利人利己者交往。此外，还可阅读发人深省的文学作品与伟人传记，或观看励志电影。当然，正本清源之道还是要向自己的生命深处探寻。

双赢的观念应该是我们每个人所必备的，也只有在这种观念的引导下，才不致让竞争变得生硬而不可调和。这种观念决定了我们的生存状态和个人成就，请你不要忽视它。

以竞争推动进步，以共赢达到目标

多数人在一次次的失败、一回回的碰壁中，明白了一个道理：为了生存的竞争就是你死我活，没有调和的余地。他们深信这一点，他们照着这样去做。他们从来没想过是不是还有另外一条路、另外一种方法去面对竞争，所以当他们听说下面两件事后，才明白，原来竞争并不是那样简单与无情，才知道竞争还有更深层次的含义。

第一件事是欧盟确立欧元体系。这意味着大多数欧盟国家将打破国界，用一个原来根本没有的货币来取代原来各国的货币，不同国家的人民到另外一个国家再也不用去换钱了。让人惊讶的是，"象征一个国家经济独立与主权的货币也能统一"？这件事看上去与中国离得太远，但中国人还是吃惊。国与国都可以共同过日子，我们区区百姓争个什么呢？

第二件事是波音与麦道两家公司的合并。两家世界上最大的飞机制造公司就这样说合就合了，尤其让一些人不理解的是，他们并不是过不了日子才合的，不说波音的"大哥大"地位，就说麦道手上的订单还要加班干5年才能交货，一年的利润也有几亿美元。于是有些人百思不得其解，人家这样的大公司到底是怎么想的？

实际上并不是中国人的节奏跟不上，而是这个世界变化太快，那种你死我活的竞争已经不适用了，"双赢"原则，才是竞争的新法则。与其说当今社会是在"竞争",还不如说是在"竞合"。如何于国于民都有利,如何避免两败俱伤,是目前市场经济形势下的生存策略与原则。

竞争并没有什么不对,竞争恰恰是促进生产力发展的原动力,没有竞争,经济社会就会死亡,企业就无活力,人就无奋发力。但是竞争是有前提的,合理的竞争与不正当的竞争有很大差别,良性竞争是生存发展的动力,而恶性竞争则是前进的阻力。你死我活的竞争对任何一方都是一种伤害。

良性竞争就是既合作又竞争,这种竞争的目的是为了打破垄断,为了相互促进,为了整体的发展。在良性竞争的环境下,首先要有竞争规范,有共同的行为准则,有相关的协调组织,以使所有竞争都有一个公平的环境,同时又有一套大家都能共同遵守的准则,任何犯规行为都会受到谴责。另外竞争应该是凭产品、凭服务质量与价格取胜,而不是靠广告、靠投机取巧,更不是靠打击别人来赢得竞争,良性竞争是"君子生财,取之有道"。

恶性竞争是你死我活,在这种情况下,大家都没有规则,反正要置对方于死地,什么招儿都可以使,什么事都可以做,可以在广告中贬低别人,可以在产品说明上造假,可以在法院里告倒别人,甚至造谣中伤,产品里下毒,无所不及,不是凭自己的真本事来证明自己好,而是通过贬低别人来抬高自己。

恶性竞争的结果往往以竞争的双方为代价。消费者开始是看猴戏、凑热闹,后来明白了,觉得上了当,就不相信了,结果一了百了,整个行业遭殃。就像矿泉壶,当初火得不行,结果你斗我、我斗你,最后老百姓不认账,全军覆没,片甲不留。除了留给人们对当初争斗的回忆外,街上已经很难看到卖矿泉壶的了。

竞争看起来是竞争双方之间的事,实则不然,主导竞争的其实并不是企业而是消费者。消费者既是竞争的对象,也是竞争的评判者。他们

并不关心竞争中谁胜谁败,他们只关心竞争是否对他们有利,只关心能否通过竞争推动产品服务、质量、价格的改进。在他们心目中,好的竞争不是此消彼长,而是大家都长,整个社会或行业的产品、服务水平的提高对他们最有益。如果打来打去,最后弄得老百姓反感,那就只能此消彼消了,到头来不是被窥伺者趁势取代,就是被别的公司顺手牵羊。

生存是要面对竞争的,但竞争并不是非弄得鱼死网破不可,共赢才是生存竞争所要达到的至高境界。

把双赢作为长富之道

无论在什么游戏中,总会出现赢家和输家。一方赢则另一方就是输,根据正负相抵消的原理,游戏的总成绩永远为零。生意人也应该重视这种现象,要想在竞争中获得优势,就得懂得双赢的致富之道。要知道这种观念在社会的方方面面都普遍存在,也就是说胜利者的光荣往往是建立在失败者的辛酸与苦涩的基础之上的。

随着社会经济的不断发展,人类社会在经历了两次世界大战、科技不断进步、经济高速增长、全球一体化之后,这种观念正被"双赢"的局面所取代。越来越多的人们开始认识到对于胜与败的结局,不再是几家欢乐几家忧,取而代之的是通过有效的合作,双方皆大欢喜的双赢局面的出现。

犹太商人不是以"一锤子买卖"出名的,"只要每个人上我一次当,我就可以发大财了,"这种发财秘诀绝对不是犹太商人的生意经。

按"理"说,像犹太人这样被人不断驱逐、朝不保夕的民族,"应该"在生意场上形成一种与此相对应的"干一把换一个地方"的短期策略和流寇战术。然而，犹太商人不但绝少有这类劣迹，相反，他们信誉卓著，所经营的也都属质量上乘的商品。究其原因，除犹太商人的文化背景，如素以"上帝的选民"自居、不屑于做"一次性"买卖、有重信守信的习惯等等之外，更有可能是在结合民族流动不居的生存状态与商业活动的规律之后，他们悟出了什么是真正的经商之道。

犹太商人一直处在众人的注视之下，而且是那种四邻不太友好的眼光。演进到今日，他们深深体会到"竭泽而渔"的害处：不是某种鱼的绝种，而是干脆被大鱼拖入水中，甚至被旁观的人推入水中喂鱼！在历史上，犹太社群的精神领袖——拉比就曾一再告诫同胞，不要播种仇恨。从这样一种生存大策略上升华出的经营原则，让生意经涉及的方方面面都各得其所：犹太商人、顾客、职工乃至整个社会都可以从犹太商人的经营活动中获利。

在英国，"马克斯和斯宾塞百货公司"是最有名的百货公司。这家百货公司是由一对姻亲兄弟——西蒙·马克斯和以色列·西夫创立的。

1882年，西蒙的父亲米歇尔从俄国移居英国。起初是个小贩，之后在利兹市场上开了个铺子，并逐渐发展成连锁廉价商店。在米歇尔1964年去世后，西蒙与西夫把这些连锁商店进一步发展成连锁廉价购物商场，使其货物更加齐全，资金更加雄厚，具有类似超级市场的功能。

即使马克斯与斯宾塞的百货公司以廉价为特色，但对质量也是相当重视的，真正做到了"价廉物美"。用一些报纸上的话来说，这家百货公司等于是引起了一场社会革命，原先从人们的衣服穿着上可以区分不同的社会阶层，但由于马克斯与斯宾塞百货公司长期以低廉的价格提供制作考究的服装，使得人们花钱不多就可以穿得像个绅士或淑女，以"貌"取人的价值观念也随之发生了根本上的动摇。目前，在英国，该公司的商标"圣米歇尔"成了一种优质品的标记，人们已达成共识，

一件"圣米歇尔"牌衬衫是以尽可能低的价格所能买到的最优质的商品。

马克斯和斯宾塞百货公司不仅为顾客提供了满意的商品，同时还提供了最好的服务。在素以彬彬有礼闻名的英国，该公司的售货员礼貌服务之周到也称得上是一个典范。西蒙和西夫就像挑选所经营的商品一样，挑选他们的职工，一丝不苟，真正使公司成了"购物者的天堂"。

在让顾客满意的同时，西蒙和西夫还做到了让职工也满意。他们对职工要求极高，但为职工提供的工作条件在全行业中也属于最好之列，职工的工资也最高，还专门为职工设立保健和牙病防治所。由于提供了上述这些优越条件，使马克斯和斯宾塞百货公司被人称为"一个私立的福利国家"。只是西蒙和西夫没有像蒙德那样，允许职工将工作岗位传给子女。西蒙和西夫为顾客和职工想得这么周到，公司的经营情况又如何呢？马克斯和斯宾塞百货公司被公认为国内同行业中最有效率的企业，大量的投资者纷纷慕名而来。

由此可见，当今社会充满着无数的竞争，此竞争是促使社会走向进步的一种动力，而不是毁灭社会的武器。比尔·盖茨则这样认为：今天，所有竞争的结果不可能使一方成为自然与社会某一方面的统治者，而更多的则是消耗难以计数的人力与财力，最终谁也不可能成为赢家。

双赢作为一种理念，它体现了一种公正的价值判断，这种公正性不仅表现在对对方利益的尊重上，同时也表现在对自身利益的取舍上。其原因是，当今社会是一种共存、共荣的社会。自身的生存空间与发展以牺牲别人的利益为代价的时代已不复存在了，取而代之的则是必须赢得别人的合作与帮助，这样，才能发展与壮大自己。在此过程中，只有利益共享的人们才能形成良好的合作，才能取得他人的帮助，使自己成功。这种利益共享与合作双赢理念正是公正精神的体现，它符合社会发展的规律。

双赢作为长富之道，不仅仅表明它是一种现代理念，同时它也是现代智慧的结晶。不具备对自身条件的分析，不具备对周围环境以及未来发展趋势的分析，则不能在脑中形成双赢的理念；有了这种理念，假如没有超常的胆略、科学的方法、明智的行为，也不能产生双赢的结果。

双方以诚相待，双赢才有保障

在一般人的观念领域里，在整个的过程中，明枪暗箭、尔虞我诈是最常用的竞争手段，当竞争最激烈的时候，和平竞争可以突发为恶性竞争，直至两败俱伤。但有一部分人的观念却与此相反，他们希望竞争的双方都能够在整个过程中获利，在竞争中求合作，在合作中求生存，共赢是他们追求的最高境界，而具备这种观念的人才可能成为最大的赢家。

1987年6月法国网球公开赛期间，韦尔奇和法国政府控股的汤姆逊电子公司的董事长阿兰·戈麦斯相遇了。

在他们见面的时候，情形和韦尔奇第一次与别的商家会谈时没有什么两样，他们彼此的企业都需要帮助。汤姆逊公司拥有一家韦尔奇想要的医疗造影设备公司。这家公司叫CCR，实力不算很强，在同行业内排名只占第4名或第5名。而韦尔奇的CE公司在美国医疗设备行业则拥有一家首屈一指的子公司，但是他们在欧洲市场却没有明显优势。尤其重要的是，由于法国政府保持着对汤姆逊公司的控股，实际上这就等于将韦尔奇的公司关在了法国市场之外。

在会谈中，阿兰·戈麦斯明确地表示他不想把他的医疗业务卖给韦尔奇。但韦尔奇决定看看他是否对进行业务交换感兴趣，因此他向阿兰

·戈麦斯说明，他可以用自己的其他业务与他们的医疗业务进行交换。在此之前，韦尔奇非常清楚他不喜欢 CE 的哪些业务和公司，因此，他决不会做赔本的交易。于是，他站起身来，走到汤姆逊公司会议室的讲解板前面，拿起一支水笔，开始在上面列出他能够卖给他们的一些业务。他列出的第一个项目是半导体业务，对方不想要。然后，他又列出了电视机制造业务，这时，阿兰·戈麦斯立刻表示对这个想法很有兴趣。在他看来，他的电视机业务规模目前还不算很大，而且全都局限在欧洲范围之内。他认为，通过这项交换可以把那些不赚钱的医疗业务甩掉，同时又能使他一夜之间成为第一大电视机制造商。他们两人对这项交易很是兴奋，于是马上开始谈判。很快，他们达成一致。

谈判结束后，阿兰·戈麦斯陪着韦尔奇走出了电梯，一直把他送到等候在办公楼外面的轿车旁边。当车发动起来并从道路上疾驶而去的时候，韦尔奇一把抓住了他身边的秘书的胳膊，激动地说："天啊，是上帝来让我做这笔交易的，我当然有理由把它做得更好。"

"是的，我认为阿兰·戈麦斯也是真想做成这笔交易。"秘书回答道，他们都开怀大笑起来。韦尔奇确信阿兰·戈麦斯回到楼上之后也会有同样的感觉，因为阿兰·戈麦斯也同样清楚，他的电视机公司规模太小，根本无法同日本人竞争，这笔交易可以使他获得一个相对稳定的规模经济和市场地位，从而使他可以应对一场巨大的挑战。

对韦尔奇来讲，他在国内消费电子产品的业务年销售额为 30 亿美元，拥有员工 3231 万人，而买进汤姆逊的医疗设备，自己的业务年收入则将增加 7 亿 5 千万美元。这笔交易将使韦尔奇在欧洲市场的份额提高到 15%，他将更有实力来对付 GE 的最大竞争者——西门子公司。在余下的 6 周之内，交易过程中的所有手续全部顺利完成，并于 7 月份对外宣布。除了做交换的医疗设备业务之外，汤姆逊公司还附带给了 CE 公司 10 亿美元现金和一批专利使用权，这批专利权将会每年为 CE 带来

1亿美元的收入。而同时，汤姆逊公司也变成了世界上最大的电视机生产商。当媒体批评韦尔奇的这一做法时，韦尔奇对此发表评论说："这些批评都是媒体的一派胡言。事实是，通过交易，我们的医疗设备业务更加全球化，技术更加尖端，而且还得到了一大笔现金。每年专利使用费的收入，就比我们前10年里电视机业务的纯收入还要多。而且，我们由此上缴国家的利税也是前些年的好几倍。"

就这样，韦尔奇与汤姆逊公司在很短的时间内做成了这笔交易，各自扩大了自己的业务量，最终双双取得了成功。在生意场上，双赢无疑是最佳的选择。但要做到这一点，却是很不容易的。

如果靠自己的力量难以实现梦想，就不妨大胆迈出合作的步伐。无论竞争还是合作，都是为了利润；竞争中的合作，是为了双赢。

双赢对竞争的双方而言虽然诱惑很大，但其中的关键因素却错综复杂，只有双方都能以诚相待，找到彼此可以合作的契合点，双赢才会有保障。

恶性竞争，害人害己

生意场上有这样一个恒常的规则：只要是有利可图的交易，你赚100，他人赚1000，对于你而言也是很成功的。其实，这个道理很简单，假如你不让他人赚1000，你自己连那100也赚不到。

任何一个人都是平凡的，有嫉妒之心，那是人之常情。每个人都或多或少具有这样的嫉妒心理，而生意人的嫉妒心特别严重，在生意人中间，常常会存在一种敏感、微妙的情绪，人们表面上看起来很亲近，如果你的生意经营得不怎么好，大家还可以相安无事，但是，假如说你比

其他人强一些，那这些人就有可能在背后联手，把你的生意搞垮。即使是你的朋友、合作伙伴，有时候也会被这种嫉妒的心理冲昏了头脑。在平常的交谈过程中，"我知道某生意人有麻烦"这类的话总是比"我听说某生意人把企业经营得相当出色"的话多得多，幸灾乐祸的话总比唱赞歌入耳。对于这些具有嫉妒心理的人，生意人要小心对待才好。

当嫉妒进入竞争领域时就会变得更加厉害，其危险之处是它使我们只想到自身的优点，但这种好不是通过竞争搞好自己的生意，而是通过竞争搞垮我们的对手。总是希望他人倒霉的人，在做生意上，肯定不是一个有进取心的人，更别说取得更大的成功了。他人的生意垮掉了，除了满足了自己的私欲以外，事实上你并没有得到任何的收益。这时，你不妨忘掉你的竞争对手是一个人，而把他当做一个统计数字吧，如营业利润、财富积累等，这是一个你要超越的数字。数字比人更具体、更简单，以数字为目标只会激起你的斗志，而不会滋长你的嫉妒。如果你不能在规模和分量上战胜他，那就在质量和用途上击败他吧，那也只是你所要超越的简单数字。故此，生意人要想维持一定幅度的价格和市场占有率，和竞争对手搏杀不是明智之举，反而应联合在一起，在价格、范围等方面达成一定的默契，才能共享其利、共存共荣、皆大欢喜。不争而争、不战而胜才是企业的至高境界。

如果绞尽脑汁相互拼杀，最后只能是两败俱伤。恶性竞争是一种愚钝的无聊游戏，真正有智慧的企业只关注自己的创造力。

假如你在竞争过程中能够做到下面说的几点，你的生意一定会比你的竞争对手兴旺。

1. 彼此之间相互学习，共同发展。同业人士前来参观的时候，要热情接待，任其观看、询问。

2. 有钱大家赚。顾客在你的店或厂里没有买到想要的商品的时候，你能够把他介绍到自己的竞争对手那里去。

3. 助人就是助己。当竞争对手的经营发生危机的时候，假如说你能向他伸出援助之手，就不该乘人之危，落井下石。

4. 与竞争对手保持融洽的关系，常常上门探访，交流各种经营与商品的信息。

5. 做宣传广告的时候，在抬高自己的同时不要故意贬低竞争对手。

你可以超越别人，别人同样也可以超越你，恶性竞争是没有用处的。唯有能够不断超越自己的企业才能永葆活力，达至不战而胜。

同行未必是冤家

对"同行是冤家"这句话，大家并不陌生。面对同一个领域的竞争对手，大多数人往往会怒目而视，相互排挤，非要争个你死我活才肯罢休。实际上，在同行业之间，竞争能够催人奋进，合作也有利于在互惠互利的基础上达到共赢的局面，为大家创造一个良好的经营空间与利润空间。

俗语说得好："聚沙成塔，集腋成裘。"一个人的力量毕竟是有限度的，假如能与同行业的竞争对手精诚地合作，则会弥补各自的不足，借"竞争对手"之力，达成双赢的局面。

小孙在市里的一条步行街上开了一间书店，开张3个月后，生意还算不错。可惜好景不长，一个姓张的商人很快就在街角也开了一间书店，一份生意两家做，自然就没有当初那么赚钱了。小孙气得直跺脚，发誓一定要让对方的生意做不下去。他很快就想出了一个吸引顾客的办法：打折。小孙在书店的玻璃上贴出了一张宣传单：本店图书除教材外，一律八五折！这之后，书店的生意果然红火了几天，不过张某也很

快想出了对策：本店图书一律八折。小孙一狠心，又贴出了告示：本店部分图书七五折，凡购书满100元者赠送精美礼品！就这样，两家书店打起了"价格战"，两个老板见到对手眼睛都冒火。两个月后，小孙拿起计算器一算账才发现，两个月来，劳心劳力却利润微薄，几乎成了赔本买卖，想来对手也好不到哪里去，不过生意可不能这样做了，他决定与同行和解。两人一商量，张某提出了个建议：两家书店尽量避免进同类图书，比如一家卖教辅，一家就卖漫画杂志，这样就不会出现恶性竞争了。半年下来，两家书店都有赢利，两个老板也成了不错的朋友，经常在一起喝喝茶、聊聊天，交流一下开店的经验，提起过去的争斗，两人都戏称是"不打不相识"。

假如两家书店的老板再继续斗下去，难免会弄得两败俱伤。幸亏两家老板及早地醒悟了，化干戈为玉帛，才出现了最终双赢的局面。

由此可得出一个结论，依靠对手，联合对手的力量非但不会影响到自身的经济效益，同时还有利于以对方为靠山，发展与壮大自身的力量，保证自己的经营稳步向前。

无论是企业还是个人，无论你是单枪匹马，还是集体作战，都需要合作互助，一个好汉还要三个帮。在今天的行业竞争中，同行业企业之间的互相竞争是同行关系中的主旋律。很多人都是天生的红眼病，忌妒心强，见不得别人好，为了排挤对方，不惜一切代价，也不择一切手段，搞无谓的圈内争斗以致两虎相争，相互内耗，两败俱伤。其实，换一种思维，双赢合作才是达到目的的最好选择。同行，竞争可以，不能再做冤家。

市场总是一定的，一行生意，同行之间由于经营的内容相同，也就意味着要分享同一市场。

对同一市场的分享，也就是利益的分享，因此，同行之间的竞争也是必然的和不可避免的，而为了各自的利益，同行间互相嫉妒，以至于由嫉妒到倾轧、竞争，成了同行间的常事。

在竞争中，或者一方取胜，另一方被迫称臣；或者两败俱伤，第三者得利；或者一时难分胜负，双方维持现状，酝酿新的一轮竞争。这似乎是我们都能理解的，也似乎是我们大家都能认可的市场规律。

自古至今，善于联合对手的商人，总能打开别人难以打开的局面。

而相反，就如一个人只知经营自己的事业，把同行对手全都当做真正的敌人来对待，那么，他自身的利益必然不会太长久。

因此，同行业之间不仅要竞争，更要学会合作。依靠对手的力量，将眼光放长远，舍小利而逐大利，才能取得最大的利润。

战略联盟时代的跨国公司在国际上，同行的大企业之间在面对是残酷竞争还是合作发展的时候，更多的企业都会选择后一条道路，这是同行之间协调关系的一种新的模式。现在的跨国公司在全球市场上"单枪匹马"奋战的很少，他们更多的是形成国际战略联盟，提高联盟的实际效率，互惠、互利、互动。

同行未必是冤家，只要你有心，假如你能够选对方法，那么同行也能变成帮手，变成你的靠山。当你与同行斗得两败俱伤的时候，请记住，这并不是理所当然的，你们有更好的相处方式可以选择。

同行业之间不应产生冤家路窄之感，而应友善相处，豁然大度。这就好比是两位武德很高的拳师比武，一方面要分出高低胜负，另一方面又要互相学习与关心，胜者不傲，败者不馁，相互间切磋技艺，共同提高。

和为贵、合则全

在生意场上，坚持"和为贵、合则全"才能实现互利双赢，随着世界经济全球化的快速发展，早已形成了"你中有我，我中有你"的

相互合作、相互依存的市场经济关系的格局。

和为贵、合则全，这是自然的法则，人与人之间更应该如此。圣贤的思想就是由自然法则而形成的，人和人之间的合作也是基于这样的法则而建立起来的一种互相依存、相互合作的人际关系。可是，人们在相互交往的时候，往往会走向它的反面。关系闹僵、翻脸不和的时候，合作的关系也就被破坏了，两者都视对方为仇敌，并把对方说得一无是处、一钱不值。

当天下纷争大乱的时候，"和为贵、合则全"的想法丢了，合则全的做法也就成了累赘。强者称雄，各拉一班人马，各立一个旗号，道德标准不统一，是非曲直各执一端，各家学派也都以己见而沾沾自喜，抨击对方。

比如，眼能看、嘴能吃、耳能听、鼻子能闻、皮肤能感觉、手能灵巧地做事、脚可以至千里，各个都有其自身的功能，不能彼此废弃，也不可相互代替，就如万空众技，各有长处，虽然都有自己的一技之长，但并不全面。

独木不成林，人和人闹翻，否定他人，自己就会孤掌难鸣。因此，必须尽快另找你的合作者。强者称雄，天下纷争，社会的和谐平衡打破了，强者就是在渐渐削弱自己的能力。因此，了解"和为贵、合则全"的道理，以和为贵，争而不离，争而和合，因而强者变得更强，吵而更亲，心心相交，不打不相识，事业会有更大的成功。

在市场经济的竞争当中，企业为了自身的生存发展，费尽心机与对手竞争是很正常的事情。可是，在竞争过程中一定要运用正当的手段，换言之，不仅能通过价格、质量、促销等多种方式去与你的对手进行正大光明的市场竞争，一决雄雌，而且千万不要用造谣中伤、鱼目混珠、暗箭伤人等极端的手段损伤竞争对手。

有一部分企业会认为，竞争对手就相当于自己的敌手。在市场竞争当中，没有人不想成功，这与军争中的很多地方极其相似。说市场竞争的各企业是敌对的，是由于它们在彼此竞争中带有以下几个性质：其一是保密性。裴松之在《三国志·魏书》注解中指出："兵，诡道也，军事未发，不厌其密。"在一定阶段，竞争企业之间在一定情况下，都有其保密性；其二就是侦探性。竞争企业之间几乎都在彼此刺探对方的情报，以制订战胜对方的策略；其三是获利性。竞争双方都想成功，获取一定的利润，让自己的产品占领一定的市场；其四是克"敌"性。当市场不能全部容纳下所有竞争企业的时候，他们这时都想保存自己而"灭掉"对手，如果说市场能够容纳下竞争企业的时候，这时，他们便想己强"敌"弱。

不过，在某种利益的驱使下，生意场上很容易争执不下，甚至争斗不休。或许会因一笔生意而受到伤害，从而便耿耿于怀。但是，无论怎么样，都没有反目成仇、结成死敌的那个必要。

或许今天会由于利益分配不均而争吵，或为争一笔生意而搞得两败俱伤；然而，说不定明天就会携手，有可能共占市场，互相得利。

大多有经验、有涵养的生意赢家总是会在谈判的时候面带微笑，永远摆出一副坦诚的样子，即使谈判没有成功，还是把手伸给了对方，笑着说："但愿下次我们能够合作愉快！"

"和为贵、合则全"，以和为贵，生意场上树敌过多是经商的大忌，特别是当仇家联合起来对付你，或在暗中算计你的时候，即使你有三头六臂，也是很难应付的。更何况，做生意的主要精力应集中在怎样有效开拓市场、怎样才能更好地调动资金、怎样才能做好广告宣传等方面，假如你老是用在对他人怎样暗算与报复方面，难免会顾此失彼。

中国有句老话叫："生意不成仁义在。""和为贵、合则全"是生意走向成功的关键，也是创业者成功的重要因素之一。常说的八面玲珑，才能财源广进，但从生意人的势利眼光而言，并非任何一个人都值得花

时间与精力去结交，就连孔子也教人"无友不如己者"，但一般情况下，生意场上要尽量不去得罪他人，在无伤大雅、无大损失的情况下，不妨时时处处与人为善、慷慨大方。

每个人都有自身的想法，但是，要记住生意场上的要义在于"和为贵、合则全"。市场竞争的激烈，就看我们的生意人各显神通，但绝对不可用"妖道"去征服市场，赚钱要走正道，要让我们的资本变得更加洁白！

俗话说得好，"和为贵、合则全。"竞争对手在市场上应友善相处，豁然大度，切不可"暗箭"伤对手，也无须"同室操戈"，只有同心协力才能求共同发展。

掌握正确的合作方法

当我们了解到与人合作的重要性时，与人合作的方法就被提到了一个关键的地位上来。习惯于单打独斗的人，很难在短时期内学会与人合作。这就需要我们去改变原来的观念，学会与人沟通、合作，在成就团队的同时，成就自己。不改变独行的观念，永远都只能是一个弱者。所以，与人合作的能力和方法必须具备。这就需要我们：

1. 准确认识自己在团体中的角色和与他人的关系

就如在一场球赛中，"没有号码牌你无法分辨运动员"一样，一个团体要有效地发挥作用，也需要你识别出谁是"运动员"，他们彼此关系的性质，以及决策权是如何分配的。在一个你不熟悉的新团体中，弄清这些情况是特别重要的，它可以为你提供一个你在其中能说话和回答的"思考环境"。

2. 尊重团体的每一位成员

这是保证合作成功的基本准则。虽然你可能确信你比其他的参加者更有知识，但重要的是，你要让他人充分地表达自己的观点，而不要随意打断，或表现出不耐烦，做到这一点对于团体正常地发挥功能是很有必要的。也许在某些场合，其他成员不同意你的分析或结论，即使你确信你是正确的，当发生这种情况时，你需要做出必要的妥协和让步。如果做不到这一点，就接受现实，尽你所能阐述自己的观点，力争使他人能够接受。

3. 积极参与团体活动

在团体中，每个成员都应该具有奉献意识，并有责任做出自己应有的贡献。培养自己的社交能力，赢得团体中其他成员对你的尊重，或者对团体的决定施加影响，都是你必须努力做到的。既然你同样对团体的最终决策负有责任，无论你态度积极或保持沉默，你都可以贡献你的聪明才智。

如果你不敢抛头露面，大胆地表述自己的观点，或觉得你的观点不如他人的有价值，那么，你需要首先排除这种消极认识。如果你感到忧虑和焦急，那么，你需要迫使自己迈出第一步。

4. 具备有效讨论的能力

清楚地表达你的观点，并提供支持的理由和根据；认真地聆听他人的意见，努力了解他人的观点及其理由；直接对他人提出的观点做出回答，而不要简单地试图阐述你自己的观点；提一些相关的问题，以便全面地探究所讨论的问题，然后设法去回答问题；把注意力放在增加了解上，而不要试图不计代价地去证明你自己观点的正确性。

5. 客观地评价观点，而不意气用事

当团体对其成员提出的观点进行评价时，应该运用批判思考的技能对它们进行评价。争论点或问题是什么？这个观点是如何说明问题的？

提出这个观点的理由和根据是什么？这个观点的风险和弊端是什么？重要的是要让团体的成员意识到评价的对象是观点，而不是提出观点的人。对有挑战性的观点应该做出这样的回答："我不同意你的看法，原因是……"而不应该说："你真无知。"只有如此，你才能与其他合作者进行良好的沟通。

以上是培养合作能力需要注意的问题，只要你有意识地培养与人合作的能力，就一定可以成功。

任何一个人不论他多么聪明、多么能干、多么努力，假如仅凭一己之力，往往会"孤掌难鸣"，也难以在某项事业上获得伟大的成功。

第五章
进取退让恰到好处
——锐意进取,有效退让

人生固然需要进步、进取……但很多时候,我们还需要学会"退"。进和退如阴阳之行,是随时处在运动变化之中的。退中有进,进中含退。退时当思进,进时当思退。进的时候,我们不能一味地高歌猛进,而要为自己想一想退的余地;退的时候,我们也不能畏怯地一退到底,而是以退为进,为自己留下再次前进的"桥头堡"。你让人、人敬你,和谐的关系自让步中来,事业的顺利自让步中来。一个人什么时候学会以弱示人、让人一步,其恰到好处的境界便会更上一层楼。

妥协一时而成就大业

　　表面的退让只是一种随机应变的策略，为了追求更高的目标做出一些退让，是作为善于变通之人的成熟表现。妥协一时而成就大业，反应迅速，以便挽回劣势，反败为胜。

　　五祖弘忍大师很懂得进退之道，在《坛经》里记载着，五祖弘忍大师自从发现六祖慧能并决定传衣钵给他之后，就一直在暗地里传授佛法给惠能，后来又偷偷地传衣钵给他。

　　有人可能会很不了解这件事情，其实事情很简单，如同《坛经》上说的"衣为争端"，弘忍大师生怕六祖慧能因此而遭受劫难，所以告诫六祖慧能"汝须速去，恐人害汝"。然而，值得一提的是，传衣钵的事情本来是很光明正大的，为什么五祖弘忍大师却要做得如此神秘，还要六祖慧能在拿到衣钵之后赶紧逃跑呢？

　　其实并非弘忍大师怕事，而是他采取了一种"以退为进"的智谋，较之鲁莽行事尤胜一筹，才使得禅宗得以在六祖惠能手中发扬光大。

　　进退之道本该如此——以退为进，不退焉有进。五代时期著名的禅师布袋和尚曾作过一首诗偈，将进退的关系表现得淋漓尽致——

　　手把青秧插满田，低头便见水中天。

　　心地清净方为道，腿部原来是向前。

　　此偈中说的不论是"低头"，还是"退步"，都非常符合水田插秧的实际，又皆契合人生的禅悟之道。

　　要知道，人若在平视时，目光或为树障，或为山遮，难得及远，而"低头"插秧时，眼为之明，心为之静，而插秧之倒着走有如"退步"，实际上却是一种向前。

龙虎寺的住持无德禅师，请人来为龙虎寺画一幅壁画，要求这幅壁画须以龙虎为主题。

当壁画草拟的时候，僧人都感觉壁画不太理想，但是又说不出所以然。无德禅师看罢之后，指点道："壁画中的龙前探身躯，而虎则是高昂虎头，威风确实威风，不过却缺少了摄人心魄的力度。为什么呢？因为龙要攻击的时候，先要弯曲自己的脖子积蓄能量；而虎要攻击之前，都是弓起脊背才能发动致命一击。"大家都为无德禅师的评论所叹服。

无德禅师把话锋一转，接着说道："其实修道的道理也是一样的，只有先把自己的欲望收缩回来，才会真正产生前进的动力。"

古代智者指出的这个奥妙，不知今天还会有多少人能够领悟？

从处理事务的步骤来看，退却是进攻的第一步。现实中常会见到这样的事，双方争斗，各不相让。最后小事变为大事，大事转为祸事，这样往往导致问题不能解决，反而落得个两败俱伤的结果。其实，如果采取较为温和的处理方法，先退却一步，使自己处于比较有理有利的地位。待时机成熟，便可以退为进，成功地达到自己的目的了。

何为退呢？即当形势对我军不利时，如果全力攻击也可能不奏效时，就应采取退却的方法。军事家指出学会退却的统帅是最优秀的统帅，战而不利，不如早退，退却是为了更有力地进攻。

李渊任太原留守时，突厥兵时常来犯，突厥兵能征善战，李渊与之交战，败多胜少，于是视突厥为不共戴天之敌。一次，突厥兵又来犯，部属都以为李渊这次会与突厥决一死战，可李渊却是另有打算，他早就欲起兵反隋，可太原虽是军事重镇，却不是号令天下之地，而又不能离了这个根据地。如果离太原西进，则不免将一个孤城留给突厥。经过这番思考，李渊派刘文静为使臣，向突厥称臣，书中写道："欲大举义兵，远迎圣上，复与贵国和亲，如文帝时故例。大汗肯发兵相应，助我南

行，幸勿侵虐百姓，若但欲和亲，坐受金帛，亦唯大汗是命。"

唯利是图的始毕可汗不仅接受了李渊的妥协，还为李渊送去了不少马匹及士兵，增强了李渊的战斗力。而李渊只留下了第三子李元吉固守太原，由于没有受到突厥的侵袭，李渊得以不断从太原得到给养，终于战胜了隋炀帝杨广，建立了大唐王朝。而唐朝兴盛之后，突厥不得不向唐朝乞和称臣。

唐高祖李渊以退为进，为自己的雄心大志赢得了时间。如果不采取这种妥协方法，李渊外不能敌突厥之犯，内不能脱失守行宫之责，其境险矣，妥协一时而成了大业。

从人生的态度来看，退却有时也是一种进攻的策略。现代社会中，"以退为进"表现自我也不失为一种良好的方法。

向对手投降，不必拼个你死我活

做人处世不能太"方"，不能太"硬气"，否则就会在社会上撞个头破血流。比如，在社会上遇到敌手，你便没必要和他们硬碰硬，不妨先退一步，这样也许会有不战而胜的效果！

一个人在现实中，因为这样或那样的原因，总会有这样或那样的对手，大大小小的对手；一个人在生活中，也会事出有因或莫名其妙地遇上各种各样没有善意的事情。这时，人便容易动怒、较真、较劲，大都会拼个你死我活、鱼死网破。

由此可以说，人有一种天生的对抗情结，遇到敌对或敌意的事情便容易以死相争。如果针对生命攸关的事情，原则性的事情，倒还情有可原，说得过去。若为那些非原则性的问题、寻常小事而大动干戈，殊死相争，则毫无意义了。我们人却偏偏难以悟得这种道理，常常为一些陈芝麻烂谷子的小事情而打得头破血流，甚至命归黄泉。我们其实也可以用其他的方法来解决这些事情，也许还显得更省事一些。比如在关乎无所谓的利害关系的时候，不妨放弃对抗，"向对手投降"，就是消除这些敌灾的一种优良方式。

《射雕英雄传》中的"老顽童"，就用这种不战自败的方式，把他的对手打得七窍生烟。

"老顽童"是金庸所著《射雕英雄传》中的一个人物，此人武艺精绝，技压群雄，武林中没有几个人是他的对手。但是他立身为人却很豁达，笑傲江湖，游戏江湖，不以胜败论英雄。他常常以"逃跑"的绝招，把对手气得发抖。遇到高手，不上几个回合，他便跳出拳脚之外，搓一搓身上的油泥，团成一个小泥球，远远地抛给对方，然后扮个鬼脸，说声：不跟你玩了。便逃之夭夭，把对手孤单单丢在那里气得发僵。有时遇上很臭的对手，他也全不认真，有一下没一下地和对手过招儿，真真假假一会儿，又抽身自退，一走了之。对手常常被他这种单方面的投降，气得浑身冒火，但又找不到出气的地方。尤其是那些涉世不深、不知道天高地厚、心高气傲者，更是无名之火不打一处来，几乎要疯狂。可是对手早不在了，"老顽童"早忘了这些，不知道他又到别的什么地方潇洒人生去了。"老顽童"的"投降"绝招儿真是高超无比。其实这种"投降"，并不是一般人理解的那种丧失骨气的丢脸行为，而是替换了一种竞技尺度，通过价值准则的提升，把那种简单而意气用事的英雄对抗，上升到了一种更微妙和更复杂的境地。

《新约全书·马太福音》第六章上说：有人打你的右脸，连左脸也转过来由他打。有人要拿你的里衣，连外衣也由他拿去。不要与恶人作对，要爱你们的仇敌。这些话看似简单、矛盾、不能做到，但这些话后面却蕴藏着十分精深的哲理思辨和境界主张。因为恶不能抗恶，以恶抗

恶只会恶性循环，了无终止。世界必须由善来终止恶，人类才有最终的光明和希望。

从另一个角度说，人一生的时间太有限了，多则一两万天，少则百把千来天。而一个人要做的正经事却太多了，没有时间和心情陪着他人，更没有时间和心情陪着对手。和对手争着去做那种恼人和扫兴的事情，实在没有道理。没准连命也赔上了，那就更加晦气了。

因此而言，在人生的竞技场上，也应学会有所为、有所不为，像"老顽童"那样，向对手"投降"，让他们去做"英雄"，我们不做"英雄"。

向对手投降这种单方面放弃对抗的行为也不容易做到，一方面你要超越你自己狭小的胸襟，另一方面你也必须具备单方面放弃对抗的能力和资格。只有势均力敌者，甚至比敌人强大者，才能这样潇洒而富有胸襟。弱小者则没有"投降"的可能。这样看来，向对手投降，更多不是弱小和怯懦者所做的事情，向对手投降，更多的只是强者与对手斗争的另一种选择。

在整个现代文化中，单方面撤离战场是众多实力人物和集团普遍采用的斗争方式和策略。消解对手或敌意、注重自我发展和自有主张，胜过打击对手或消灭对手。尝试一下比对手高一个层次的斗争方略吧！

主动让步并非示弱的表现

做人必须要灵活，该进就进，该撤就撤，不能盲目行动，以致失败。更不可为一时赌气、争面子，导致全盘皆输，从而丧失了从头再来的机会。

我们应该知道做人不要事事处处争强、好胜，不要遇事就和人硬顶，应该明白"主动让步并非示弱的表现"的道理，主动让步并非示弱的表现，而是一种恰到好处的处世技巧。

以让步开始，以胜利告终，是人情关系学中不可多得的一条锦囊妙计。你先表现得以他人利益为重，实际上是在为自己的利益开辟道路。在做有风险的事情时，冷静沉着地让一步，尤能取得绝佳效果。

一次，苏格拉底在大街上与人辩论，结果被对方踢了几脚，可苏格拉底却显出若无其事的样子。有人对此迷惑不解，苏格拉底解释说："我没有必要去踢一头驴子。"苏格拉底将对方比喻成一头驴子，也就是说，智者是不应该跟一头驴子计较的。驴子是动物，它们没有意识、思想，控制不了自己的言行，所以会做出一些粗鲁的事情来。但是人是有智慧的，如果与动物较劲儿，那与动物又有何区别呢？苏格拉底运用这样的思维，避免了一场"战斗"。

试想，如果换作别人，可能会冲上去与那个人扭成一团，你打我一拳，我踢你一脚，后果可想而知了。

有时候，让步就是最好的进攻方式。因为只有先退后几步才能跳得更高，只有收拳才能出拳有力，只有让一步才能进两步。

比如，在企业经营过程中，如果面对强大的竞争对手，或者市场形势不好，在某些领域自己的商品前景无望时，应抽身而退，转移投资方向。

20世纪60年代初，日本日立公司为了扩大企业规模，发展生产，投入了大量资金，购买新建厂房建筑材料，新添置一些设备。这时，正赶上了整个日本经济萧条时期，现有产品滞销，卖不出去，面对这一严峻情况，日立公司有两条路可以选择：一条路是继续投资，另一条路是停止投资施工。日立公司经过认真讨论、分析、研究，最后，果断决定走后一条路：停止投资，实行战略目标转移，把资金投放到其他方面，

第五章 进取退让恰到好处
——锐意进取，有效退让

积蓄财力，待机发展。经过实践证明，日立公司的决策是正确的。从 1962 年开始，日本三大电器公司中的东芝和三菱的营业额都有明显下降，但是日立则一直到 1964 年仍在继续上升。进入 60 年代后半期，一个新的经济繁荣时期来到了，蓄势已久的日立公司不失时机地积极投资，1967 年投入了 102 亿日元，1968 年上半年就突破了千亿大关，达 1220 亿日元。5 年内销售额提高了 1.7 倍，利润提高了 1.8 倍。

日立公司就是及时运用了"退出"的策略，抓住了时机，保存了实力，获得了成功。

因此，作为企业决策者，当企业在危难关头，要有胆有识，看准新的门路，当机立断，实行战略转移，及时转产，调整投资方向，企业就能渡过难关，转危为安。

这里的"退"，并非是消极地退出市场，"退"与"不退"有时的确需要经营者有过人的胆略，在激烈的市场竞争中，经营者应冷静、客观、全面地分析市场形势，预测市场前景，正确掌握"退"的艺术。

主角配角都能演

在工作事业中，只要主角配角都能演，你的这种弹性与从容肯定会赢得他人的尊重，你出色的表现自然会赢得再挑大梁的机会。

不管是进还是退，在任何情况下，都要保持平和从容。这一点是很重要的，若是你连配角都无法演好，那怎么能够让人相信你还能够演主角呢？如果你能平和从容，好好地扮演你配角的角色，一样会得到掌声和认可的。

有一种情形可能会令人难堪，这就是由主角变成了配角的时候。

这里又有两种情形。其中一种是去别处当别的主角的配角,另一种是和原来的配角对调。第一种还好说,顶多放下平日的架子就行,凡事谨慎小心而已。但第二种尤其令人难以释怀。一个演员可以不同意当配角,甚至可以从此退出那个圈子。但是在人生的舞台上,想要退出却并不容易。

因此,当你由主角变成了配角时,不要悲叹时运不济,也不用怀疑有人暗中搞鬼,谁没有身处低谷的时候?这时,不必悲忧,你只需要"心平气和",好好地去扮演你的配角角色,向别人证明你主角与配角都能演。这一点,范仲淹看得很是真切:"进亦忧,退亦忧,然则何时而乐耶?"

有一家公司的人事部经理在离职之前,曾向公司推荐李霞接替自己,但最终坐到这个位子上的人却是张丽丽。张丽丽在资历、学历和工作能力上都不如李霞。有人为李霞感到不平,甚至怂恿她去找上级领导问个究竟。但李霞却婉言谢绝大家的好意,笑着说其实张丽丽有许多优点、活泼好学、聪明伶俐。

张丽丽为了得到这个职位使用了不光彩的手段,所以心里觉得愧对李霞。但李霞竟然不去追究这件事,在同张丽丽的交往中仍保持着友善的态度,李霞的大度令张丽丽既感到意外又深受感动。

第二年的薪资评定,李霞得到了最高的加薪幅度,身为人事部经理的张丽丽在其中当然起到了举足轻重的作用。不久李霞被提升为公关部的经理。

在职场上,你也许会碰到这种情况:你一直在努力工作,以为升职只是迟早的事,可是上司公布了新职,由你的好搭档担任,你的感觉就如同一盆冷水浇下来。

这种境遇下,周围的人们都视你为失败者,向你投以怜悯的目光。他们在遇到你时,会欲言又止,仿佛不知如何表示怜悯,也不知如何与

你攀谈。在这样的情况下，你必须尽快摆脱尴尬的境况，想办法由被动转为主动，以下的做法可供参考。

首先，恭贺好搭档升职，表示你的大度和支持。这一点很重要，表示你的为人态度，解除对方的戒备心理。同时，在工作上要像往常一样专注和投入，但不要过分，表现异常。此外，在其他同事面前保持开朗。

其次，不要向他人倾诉老板对你曾有过的承诺，或者直接找老板发问，因为这样会令老板反感。

最后，办公室的紧张压力本来就使人容易变得猜忌、乖戾、郁闷、暴躁，这时的你与其花费时间去贬低对手，急着跳出来表现自己，不如冷静下来想想怎样编织更为和谐的人际关系，圆满地完成每一件任务。如果能做到做事得体、待人有礼，表现落落大方，那么你一定会争取到那张对自己更为有利的牌。

还有种情况，那就是你这位好搭档升任之职位，正好是你的上一级。

与好搭档一起工作应该是一件好事。可是，你或许有些不自在之感。一是因为平日双方平等相处，如今却要听命于他，如果公事上不合拍，就会影响私交；二是怕对你们有怨恨的同事会借机制造谣言，挑拨离间。

在这种情况下，"公私分明"是你应该坚持的原则。公事公办，许多问题就会自然化解。在公司里，只记着对方是上司，他对你有什么要求必须像以前一样尽力而为，有许多事必须向他报告。遇到对方有出错的地方，你应该诚恳地与他商讨，切莫留待私下倾谈。

身正不怕影子斜。既然行得正，不贻人口实，人家又怎能离间你俩的关系呢？即使有人无中生有，你无愧于心，又何惧之有？

当然，下班后，你还是有100%的自由去与老搭档、新上司进行私人约会，不必自己画地为牢。

量力而行，进退自如终获胜

人要了解，在这个适者生存、充满挑战的大环境下，知难而进、勇往直前是需要提倡的。但空有傲骨，一味蛮干往往适得其反。因为盲目进取，得不偿失，势必因进反退。而审时度势、耐心等待、积蓄力量、以退为进，则是人的聪明之举。

执持盈满，不如适时停止；金玉满堂，无法守藏；如果富贵到了骄横的程度，那是自己留下了祸根。一件事情做得圆满了，就要含藏收敛，这是符合自然规律的道理。

探索宇宙的起源是一个庞大的工程，一个人耗尽一生可能都不会有什么成就，所以，要想有点成就，就得做到适可而止，使一切恰到好处。探索宇宙起源之所以困难，在于"数"太多太大，属于大数和素数的研究范围。"功成、名遂"是要进入非常道范畴，"身退"是指从非常道范畴退回到常道范畴。

曾经有这样一篇课文《山谷中的谜底》揭示了这种现象：在加拿大的魁北克有一条南北走向的山谷。山谷中没有什么特别之处，唯一能引人注意的是，它的西坡长满松、柏、女贞等，而东坡却只有雪松。

这一奇异现象的形成是个谜，许多人都不能明白其中的原因，所以被称为"山谷中的谜"。然而无意间揭开这个谜的，竟是一对普通夫妇。

那是1993年的一个冬天，这对婚姻正濒于破裂边缘的夫妻为了重新找回昔日的爱情，打算做一次浪漫之旅，如果能找回就继续一起生活，如果不能就以这次旅行作为最后的回忆。他们来到这个山谷的时

候，天下起了大雪。他们支起帐篷望着满天飞舞的大雪，欣赏山谷中美丽的雪景。后来他们发现由于特殊的风向，山谷东坡的雪总比西坡的雪来得厚、来得急。不一会儿，雪松上就落了厚厚的一层雪。随着雪越积越多，雪松那富有弹性的枝丫就随着雪的重量向下弯曲，直到雪攒到一定的重量从枝上滑落。雪松依然抖擞精神迎接下一次大雪的堆积，这样一曲一折之间大雪没能奈何雪松。可其他的树却没有雪松这种本领，树枝就被积雪很轻易地压断从而导致树木的死亡。由于风向的原因，西坡的雪较东坡的雪小，总有些树能挺过来；所以西坡除了雪松，有松、柏和女贞这类树种。

帐篷中的妻子发现了这一景观，对丈夫说："东坡肯定也长过杂树，只是不会弯曲才被大雪摧毁了。"丈夫点头称是。少顷，两人像突然明白了什么似的，相互吻着拥抱在一起。

丈夫兴奋地说："我们揭开了一个谜——对于外界的压力要尽可能地去承受，在承受不了的时候，要像雪松一样让一步，这样就不会被压垮了。"

过大的压力会把一个人压垮，如果人们能学会这种"弹性"，将压力化解，便能拥有像雪松一样抖擞精神、迎接更猛烈的风雪而屹立不倒的情况了。

这或许就是我们常说的以退为进。就是用与本意相悖的言行看似倒退，实则伺机而动，以取得更大进展。以退为进是貌似软弱退缩，实则积蓄实力，加速进展。

行军打仗一味向前虽然勇气可嘉，然而却未必能够打胜仗。解放战争时期，四渡赤水就是一种进退之道的经典胜利，也是我们人生值得学习和借鉴的智慧。

因此，幸福之人都不以一时的进退观成败，而是以一种平和的心态化解掉内心的压力，采取以退为进的人生智慧实现幸福人生。

只争不退必会撞得头破血流

从表面上看,"不争"似乎有悖进化规律,然而背后有更深层的道理。"争与不争"的辩证法,透露着一个天机:不争而争、无为无不为、不争而善胜,乃是幸福人生进化的公理。

所谓"不争而争",并不是说什么也不争,而是弃其小者,争其大者;弃其近者,争其远者。所以,不争是相对的,争则是绝对的。所谓"不争",是指小处不争、小名不争、小利不争;倘若是大处、大名、大利,也许就另当别论了。

康熙十四年（公元1675年）,清朝在全国的统治很不稳定,康熙为巩固清朝政权,安定人心,改变清朝不立储君的习惯,把他的第二个儿子胤礽立为皇太子。

作为皇太子的胤礽,为保住自己的地位,他希望康熙帝能早日归天,自己尽快登上皇帝的宝座。为此,他与正黄旗侍卫内大臣索额图结成党羽,进行了抢班夺权的种种活动。这些都被康熙帝发现,康熙下旨杀了索额图。没想到胤礽更加猖狂,不得已,康熙于康熙四十七年（1708年）9月,废除胤礽的皇太子头衔。

皇子们见太子已废,争夺皇储的斗争更加激烈。他们通过各种渠道探听康熙的意图,让皇亲国戚到康熙面前为自己评功摆好,搞得康熙"昼夜戒慎不宁"。没有办法,康熙在废掉太子后的第二年3月又复立胤礽为皇太子,好让诸皇子死了争夺太子的野心。

在皇太子废立过程中,诸皇子们使出浑身解数,最成功的是皇四子胤禛。在诸皇子的明争暗斗中,胤禛采用的是不争而争之策。

皇太子被废之后，胤禛没像其他众皇子一样，落井下石，而是采取维持旧太子地位的态度，对胤礽表示关切，仗义直陈，努力疏通皇帝和废太子的感情。他明白康熙希望他们情同手足，不愿意看到皇子们反目成仇。

对康熙的身体，胤禛也最为关心体贴。康熙因胤礽不争气和皇子们争夺储位，一怒之下生了重病。只有胤禛和胤祉二人前来力劝康熙就医，又请求由他们来择医护理。此举也深得康熙的好感。

诸皇子中夺位最力的是胤禩。胤禛同胤禩也保持着某种联系，其实他心里不愿意胤禩得势，但行动上决不表现出来，表面上看胤禩当太子，他既不反对也不支持，让人感觉他置身事外一般。

对其他皇兄，胤禛也在康熙面前多说好话，或在需要时给予支持，康熙评价他是"为诸阿哥陈奏之事甚多"。当胤禧、胤穗、胤梅被封为贝子时，胤禛启奏道，都是亲兄弟，他们爵位低，愿意降低自己世爵，以提高他们，使兄弟们的地位相当。

在众皇子为争夺皇太子之位闹得不可开交时，胤禛却似乎悠闲于局外，没有明火执仗地参与其中，而且还替众兄弟仗义执言，这些都被康熙看在眼中，特传谕旨表彰：

前拘禁胤礽时，并无一人为之陈奏，唯四阿哥性量过人，深知大义，屡在朕前为胤礽保奏，似此居心行事，真是伟人。

胤禛在这场皇太子之争中，不显山、不露水，以不争之争的斗争策略取得了成功。一方面胤禛赢得了康熙的信任，抬高了自己的地位，密切了和康熙的私人感情。康熙一高兴，把离畅春园很近的园苑赐给了胤禛，这就是后世享有盛名的圆明园，康熙秋猎热河，建避暑山庄，将其近侧的狮子园也赏给胤禛。

另一方面，胤禛在争夺储位的诸皇子之争中，保持低姿态，使其他皇子们认为自己实力不够，对他不以为意，不集中力量对付他，使他有机会发展自己的势力。

结果，康熙在病重之际，把权力交给了胤禛，胤禛后来居上，脱颖而出成为雍正皇帝。

"争"，需要对手；而"不争"，是想别人没想过的问题，做别人没做过的事情。"善胜敌者，不争。"不争最终是为了更好地去争，不是和对手争，而是和自己争，和自己争就是要战胜自我。这样做的天之道，在于以"不争"泯绝那些形名之争，而得到潜在的大势态，"故天下莫能与之争"。

直进受阻时，曲行也是一种策略

曲行并不意味着退却或放弃，而是在审时度势、打破常规，只要敢于和善于走自己的路，你就永远是一个大赢家。

生活是相对的，正如有生就有死，有富就有贫一样。阳光下还有阴影，生活中也就难免有机关了。愚蠢的人，常常愚昧无知，主动往陷阱里钻；聪明的人，却能审时度势，该曲行时曲行，该直走时直走，知道如何全身避害。

人生如攀登，为了登上山顶，有时我们必须根据具体情况，绕道而行，表面上看这样做似乎与原来的目标背离，但事实上，我们这样做正是为了顺利地到达目的地。

一只蚂蚁在墙壁上艰难地往上爬。爬到一大半，突然又滚了下来，这已经是第九次失败了！实际上，它只要稍微改变一下路线，就会很容易地爬上去，但它仍然一意孤行沿着原来的足迹，一步一步地往上爬……这只蚂蚁如此的执著顽强，百折不挠。然而，它却不肯稍微改变

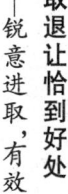

一下路线，盲目奋斗的结果是怎么也爬不出失败的误区。

毫无疑问，在人生的征程中，大多数的人都愿意走直路，沐浴着和煦的微风、踏着轻快的步伐、踩着平坦的路面，这无疑是一种享受。相反，没有人乐意去走弯路，因为在一般人眼里，弯路曲折艰险而又浪费时间。然而，人生的征程中却总是弯路居多，山路弯弯，水路弯弯，人生之路亦弯弯，只会走直路的人，恐怕一遇上弯路就傻眼了。因此，要想猎取到真正的成功，每一个人都要学会靠曲行、曲折致赢。

学会曲行，迂回前进，适用于生活中的许多领域。比如当你用一种方法思考一个问题和从事一件事情，如果遇到思路被堵塞之时，不妨另用他法，换个角度去思索，换种方法去重做，也许你就会茅塞顿开，豁然开朗，有种"山重水复疑无路，柳暗花明又一村"的感觉。

《孙子兵法》中说："军急之难者，以迂为直，以患为利。故迂其途，而诱之以利，后人发，先人至，此知迂直之计者也。"这段话的意思是说，军事战争中最难处理的是把迂回的弯路当成直路，把灾祸变成对自己有利的形势。也就是说，在与敌人的争战中迂回绕路前进，往往可以在比敌方出发晚的情况下，先于敌方到达目标。

美国硅谷专业公司曾是一个只有几百人的小公司，面对竞争能力强大的半导体器材公司，显然不能在经营项目上一争高低。为此，硅谷专业公司的经理决定避开竞争对手的强项，并抓住当时美国"能源供应危机"中节油的这一信息，很快设计出"燃料控制"专用硅片，供汽车制造业使用。在短短5年里，该公司的年销售额就由200万美元增加到2000万美元，成本由每件25美元降到4美元。由此可见，虽然经商者寻求的是不断增加赢利，然而在激烈的竞争中，每前进一步都会遇到困难，很少有投资者能直线发展，因此迂回发展也是大多数经商者所必须要走的共同道路。

在日常生活和工作中，我们也应有迂回前进的概念，凡事不妨换个角度和思路多想想。世上没有绝对的直路，也没有绝对的弯路。关键是看你怎么走，怎么把弯路走成直路。有了绕道而行的技巧和本领，才能在每一次人生出击中避开非赢即败的"老规矩"，从而顺利打通另一条成功的途径。

古人云："谢事当谢于正盛之时，人肯当下休，便当下了。若要寻个歇处，则婚嫁虽完，事亦不少；僧道虽好，心亦不了。"真可谓真知灼见！

曲行作为一种智慧，它不仅仅可以宽解人于一生终结之事，也可以宽解人于一事终结之时。急流勇退，也是幸福之人欣赏的一种明智，古人把这种勇退称为"撒手悬崖"。

清代名臣曾国藩可谓深知官场沉浮的人，他在家信中一再地告诫家人"大富大贵，亦靠不住，唯勤俭二字可以持久"、"不居大位享大名，或可免于大祸大谤"、"家中新居富宅，一切须存此意，莫做代代做官之想，须做代代做士民之想……余自揣精力日衰，不能多阅文牍，而意中所欲看文书又不肯全行割弃，是以决计不为疆吏，不居要任，两三月内，必再专疏恳辞。"但曾国藩的辞职没有获得清政府的允准。

西汉张良，字子孺，号子房，小时候在下邳游历，在破桥上遇到黄石公，替他穿鞋，因而从黄石公那儿得到一本书，是《太公兵法》。后来追随汉高祖，平定天下后，汉高祖封他为留侯。张良说道："凭一张利嘴成为皇帝的军师，并且被封了万户子民，位居列侯之中，这是平民百姓最大的荣耀，在我张良是很满足了。愿意放弃人世间的纠纷，跟随赤松子去云游。"司马迁评价他说："张良这个人通达事理，把功名等同于身外之物，不看重荣华富贵。"

张良的祖先是韩国人，伯父和父亲曾是韩国宰相。韩国被秦灭后，张良力图复国，曾说服项梁立韩王成。后来韩王成被项羽所杀，张良复国无望，重归刘邦。楚汉战争中，张良多次计出良谋，使刘邦险中转

胜。鸿门宴中,张良以过人的智慧,保护了刘邦安全脱离险境。刘邦采纳张良不分封割地的主张,阻止了再次分裂天下。与项羽和约划分楚河汉界后,刘邦意欲进入关中休整军队,张良劝阻,认为应不失时机地对项羽发动攻击。最后与韩信等在垓下全歼项羽楚军,打下汉室江山。

公元前201年,刘邦江山坐定,册封功臣。萧何安邦定国,功高盖世,列侯中所享封邑最多。其次是张良,封给张良齐地3万户,张良不受,推辞说:"当初我在下邳起兵,同皇上在留县会合,这是上天有意把我交给您使用。皇上对我的计策能够采纳,我感到十分荣幸,我希望封留县就够了,不敢接受齐地3万户。"张良选择的留县,最多不过万户,而且还没有齐地富饶。

张良回到封地留县后,潜心读书,搜集整理了大量的军事著作,为当时的军事发展做出了重要的贡献。

所以事有可为则为之,不可为则退之。

像越国的范蠡,三徙其地,始终保持自己自由人的生涯;唐朝的李泌,以隐士出,对肃宗说,安史之乱平定后,我只要枕着陛下的腿睡一觉即足。为此他坚拒皇帝的提亲,不成家立室,也坚拒皇帝的任命,不做正式的命官,以后果然功成身退,是为朝野上下第一受人钦敬的奇人。

第六章

聪明圆滑恰到好处
——表现聪明,减少圆滑

谦逊是一种智慧,是一种良好的品格,同时也是一种恰到好处的策略。任何人都不会对骄傲与狂妄之人产生好印象,更不愿与他们交往,为此,只有谦逊的人,才能赢得人们的尊重,受到人们的欢迎,并构建起良好的人脉。

不可轻视每一个对手

　　恃才傲物者，通常表现为妄自尊大、自命不凡、肆无忌惮、目中无人。只要有机会标榜自己，就会抓住不放地大吹大擂、口出狂言，常会给人一种趾高气扬、傲慢无礼的感觉，仿佛周围的人都是一些鼠目寸光、酒囊饭袋之辈，全不把他们放在眼下。这也是人们常说的"狂妄"。

　　子贡是孔子门中的恃才傲物者。他学识渊博、反应敏捷、口才出众，自以为是个全才，也非常希望像宓子贱那样，让孔子肯定自己为君子。孔子知道子贡有辩才又能尊师，认为子贡以后必成大器，但是他又看到子贡善辩而骄、多智少恕，只能称得上是一块瑚琏。瑚琏是宗庙的一种用来盛粮食的贵重华美的祭器。孔子借此比喻子贡还没有达到高级别的"器"，还需要继续加强修养。

　　狂妄与骄傲不同。骄傲，通常是对自己的长处自吹自擂，自高自大。尽管骄傲也有夸大的虚假成分，即夸大自己的长处，把自己说得花好桃好，但决不会把自己夸大到肆无忌惮、恣意妄为的程度，也决不会达到口出狂言、放肆无礼的程度；而狂妄则是极端的骄傲，完全是目中无人，得意时忘形，不得意时照样忘形。

　　祢衡是东汉末年的一位名士，很有才华，但他也很狂妄。当时，曹操为了扩大自己的实力，急欲招募一些有才能的人为自己效力。求贤若渴的曹操听说祢衡有才，就想将他招为自己的属下，可祢衡却看不起曹操，不仅不肯来，还说了许多不敬的话。曹操知道后虽然十分生气，但因爱惜他的才华，就没有杀他。曹操听说祢衡会击鼓，便强令他到自己的麾下做一名鼓吏。

有一天，曹操大宴宾客，就让祢衡击鼓，并特意为他准备了一套青衣小帽。当祢衡穿着一身布衣来到席间时，从官大声呵斥："你既是鼓吏，为什么不换衣服？"

祢衡马上就明白了，这是曹操在整自己，于是不慌不忙地脱了外衣，又脱下内衣，最后就当着满堂宾客，一丝不挂地裸身而立，然后才慢慢地换上曹操为他准备的鼓吏装束，击了一曲《渔阳三弄》。曹操再三容忍，始终没有发作。

曹操并没有死心，又一次备下盛宴，要召见祢衡，并准备好好款待他，可狂傲的祢衡并不领情，还手执木杖，站在营门外大骂。看到这样的情况，曹操的从官都要求曹操杀了他，曹操这一次也很生气，但为了自己的名声，只得说："我要杀祢衡，就像踩死一只蚂蚁那么容易，只是因为这个人有点虚名，我如果杀了他，天下之人定会以为我不能容他。不如把他送给刘表，看刘表怎么处置他吧。"

刘表当时正做荆州的太守，他很明白曹操的意图，就是想借他的手除掉祢衡。他也不愿落个杀名士的恶名，不得已，只好将祢衡送给了江夏太守黄祖。

黄祖可不像曹操、刘表那样有心计，他的脾气很暴躁，也不图那种爱才的美名，碰到像祢衡这样的狂妄之人，自然是与他水火不容。

一次，黄祖在一艘大船上宴请宾客，祢衡出言不逊，黄祖呵斥他，祢衡竟然盯着黄祖的脸说："你整天绷着一张老脸，就像一具行尸走肉，你为什么不让我说话呢？"

黄祖可没曹操那样的雅量，一气之下，便将他斩首了。这就是狂妄祢衡的最终下场。

如祢衡一般狂妄的人，在历史上有很多。三国时期的杨修，是有名的聪明人，但最终落得让曹操"喝刀斧手推出斩之，将首级号令于辕门

外"的悲惨结局，究其原因，乃是"为人恃才放旷，数犯曹操之忌"，可以说是"聪明反被聪明误"，空负聪明而无智慧；韩信是一个军事天才，也是一个不折不扣的聪明人，但他对为臣之道很不精通，缺少政治智慧，恃才放旷，最后落得个功成身死的下场。

有些错误是在无知中产生的，还有些错误是由我们的骄傲自大引发的，被胜利冲昏了头脑，评判事物的标尺就会失衡，所以，即便是取得了一定成就的人，也不应该自鸣得意和沾沾自喜。

不论是属于意外的幸运，还是经过长期奋斗而终于取得的成功，心中充满巨大的快乐，以致一时间欣喜若狂都是可以理解的，因为人生中还有什么比成功更值得高兴的事情呢？但是，如果一个人因一次成功，从此就一直这么欣喜若狂，自以为高人一等，到处炫耀自夸，总是表现出一种优胜者的得意忘形和骄傲自满之态，人们虽然不致说他是疯子，大概也决不会敬佩他，而只会鄙视他。

如果自鸣得意者只是有一种优胜者良好的自我感觉，而且能以此感觉而不停顿地勇敢向前奋进，这当然是一种美好的心理状态，在这种心理状态下，他可以不断地取得新的成功。但是一般来说，不谦虚的人，很难把自己的感觉控制在这个境界。恰恰相反，他只是自以为很了不起，而不知道天外有天、人外有人。

在现实生活中，就不乏"狂妄"者：他对工作和学习都不怎么认真，取得的成绩当然也就比不过那些努力踏实的人，但他就是不肯承认自己的错误和缺点，总认为别人花在工作和学习上的时间多，所以成绩比自己好，对别人取得好成绩非但不服气，反而硬要"狂妄"地认为自己就是比别人强。这种"狂妄"，是完全不正视自己的缺点和错误的"狂妄"，是完全不理智也不现实的"狂妄"，其实质就是"极端盲目的自高自大"。这种"狂妄"，对我们的工作和学习，都不会有任何好处。

在现实生活中，这种"狂妄"者还确实不少，它不但给"狂妄"者自身造成巨大危害，同时也会给"狂妄"者周围的人群和团体，乃至社会和人民造成巨大危害。这种"狂妄"如此之危害，肯定是不可取的，在我们的灵魂深处，不应该有它的位置。

欲成大事，则应遇事多思考，全面地分析问题，不可自恃聪明，不可轻视每一个对手，不可错过每一个细节，不可放过每一个机会。

面向未来，才能实现对自我的超越。学识渊博的浮士德所大声宣称的"我永远不能满足自己"，就是一句不断否定自我、不断超越自我的誓言。海德格尔的超越理论对我们也有一定的启迪价值，他在竭力张扬"亲在"，即"人生在世"、"在世界之中"的前提下，对自我的必然被超越、自我如何被超越，作出了深刻的思辨，概括了超越的3条途径——实际上是超越的3个方面，即超越世界、超越他人、超越现实。

如果我们能够把自我放在这样一个不断被拷问、不断被超越的境地，我们就会迎来"一个比一个更美丽动人的自我"，使我们的生命总是呈现为一种全新的状态。这样，一切自鸣得意、骄傲自满和高人一等的情绪就会烟消云散，最后使我们会不可轻视每一个对手。

过于自满，就会失去自己的功劳

即使成名成家也要谦和礼让，一方面，名是相对的，知识是无止境的，满招损，谦受益；另一方面，如果你居功自傲，狂妄自大，别人也不会理你那一套。《王阳明全集》卷八中这样写到："今人病痛，大抵只是傲。千罪百恶，皆从傲上来，傲则自高自是，不肯屈下人。故为子而傲必不能孝；为弟而傲必不能悌；为臣而傲必不能忠。"因此狷狂必忍，否则害人害己。

如何忍傲忍狂，王阳明认为：猖狂、傲慢的反面是谦逊，谦逊是对症之药，真正的谦逊不是表面的恭敬、卑逊，而是发自内心的认识到猖狂之害，发自内心的谦和。自我克制、审明进退，常常能发现自己不如别人的地方，虚心地接受别人的批评指正，虚以处己，下礼以待人。不自是，不居功，择善而从，自反自省，忍狂制傲，方可成大事。

如果一个人骄傲自满、狂妄自大、道德不修，即便是亲近的人，也会厌恶你，离你远去。古代像禹、汤这样道德高尚的人，尚怀自满招损的恐惧，那么普通人，德量与之相比差得更远，怎么能够不去克制自己的狂妄、自满之心呢？

但是，世间又有多少人能够明白这个道理呢？

关羽是智勇双全的人物，但也有自满之风。他出师北进，俘虏了魏国将军于禁，并将征南将军曹仁围困在樊城。

镇守陆口的吴国大将吕蒙回到建业，称病要休养，陆逊去看望他。两个人谈论起国事兵事，陆逊说："关羽节节胜利，经常欺凌别人，现在他又立下了大功，就更加自负自满，又听说你生了病，对我们的防范就有可能松懈下来。他一心只想讨伐魏国，如果此时我们出其不意地进攻，肯定能打他个措手不及。"后来吕蒙向孙权推荐陆逊，代替自己前去陆口镇守。

年轻的陆逊一到陆口，马上给关羽写信："前不久您巧袭魏军，只用了极小的代价，便获得了很大的胜利，立下了赫赫战功，这是多么了不起的事！敌军大败，对我们盟国也是十分有利的。我刚来这里任职，没有经验，学识也浅薄，一直很敬仰您，故恳请指教。"又吹捧关羽说："以前晋文公在城濮之战中所立的战功、韩信在灭赵中所用的计策，也无法与将军您相比。"

这些吹捧使关羽大意自满，对吴国放心了，而陆逊暗中加紧准备，条件俱备后，大军到达，便立刻攻下了蜀中要地南郡，擒杀了关羽。

如果一个人喜欢自大自夸，就算是有了一些美德，有了一些功劳和成绩，也会丧失掉。过分炫耀自己的能力，看不起他人的工作，就会失去自己的功劳。

争强好胜者未必能够掌握真理

法国哲学家罗西法古说："如果你要得到仇人，就表现得比你的朋友聪明与优越；如果你想得到朋友，就让你的朋友表现得比你自己更聪明优越。"罗西法古毕竟是大哲学家，简单的一句话，就精确地道破了人与人之间相处的原则，也掌握住了人们在面对别人的优势与能力时的微妙心理变化，以及这种变化带来的结果。

为什么这样说呢？根据心理学家分析，当自己表现得比朋友更聪明和优越时，朋友就会感到自卑和压抑；相反，如果我们能够收敛与谦虚一点，让朋友感觉到自己比较重要时，他就会对你和颜悦色，也不会对你心存嫉妒了。

亨莉小姐现在是纽约人事局最有人缘的顾问，但是，她也曾经是一个让同事们羡慕、嫉妒，甚至讨厌的人。原因是，她刚到公司的时候，最喜欢吹嘘自己以前在工作方面的成绩以及自己的每一个成功的地方。同事们对她的自我吹嘘感到非常讨厌，尽管她所说的都是千真万确的事实。为此，亨莉小姐很是烦恼了一段时间。

最后，亨莉小姐甚至无法在公司里继续工作了，所以，她不得不向成功学大师拿破仑·希尔请教。拿破仑·希尔在听了她的讲述之后，认真地说："唯一的解决方法，就是隐藏自己的聪明以及你所有优越的地方。"

拿破仑·希尔继而说道："他们之所以不喜欢你，仅仅就是因为你比他们更聪明，或者说你常常拿自己的聪明向他们展示。在他们的眼中，你的行为就是故意炫耀自己，他们心里难以接受。"亨莉小姐听后恍然大悟。

她回去后就严格按照拿破仑·希尔的话要求自己，在公司几乎不谈自己的聪明以及那些曾经的成功；相反，她非常认真地倾听公司其他人口若悬河的谈论。很快，公司的同事们就改变了对她的态度，慢慢地，她成了公司最有人缘的人了。

不要让别人觉得你比他更聪明，这样，你就能得到更多的朋友，还会减少竞争对手，避免产生与人不必要的争斗。

比如，他人和你一样有某种特长，对方和你比赛，你必须让他一步，即使他人的技术敌不过你，你也得让对方获得胜利。但是，也不能一味地退让，一味退让便表现不出你的真实本领，或许会使对方误认为你的技术不太高明，对你产生无足轻重的心理。

因此，你和对方比赛时，应该施展你的相当本领，先造成一个均势之局，使对方得知你并不是一个弱者，进一步再施小技，把他逼得很紧，使他精神紧张，让他知道你是个能手。再一步，故意留个破绽，让他突围而出，从劣势转为均势，从均势转为优势，结果把最后的胜利让予对方。对方得到这个胜利，不但费过很多心力而且危而复安，精神一定相当轻松，对你也有敬佩之心。

不过在安排破绽时，必须要自然得当，千万不要让对方看出这是你故意使他胜利，否则便感觉你这个人非常虚伪。所面临的困境：起初你还能以理智自持，比赛到后来，感情一时冲动，好胜心勃发，不肯再做让步，也是经常会出现的事。或在有意无意之间，无论在神情上、语气上还是在举止上，不免流露出故意让步的意思，那就白费心机了。

生活中往往会有一些人，无理争三分，得理不让人，小肚鸡肠；反之，有一部分人真理在握，不吭不响，得理也让人三分，显得有君子风度。前者，常常是由于生活中的不安定因素所造成的，后者则具有一种天然的向心力；一个活得唧唧喳喳，一个活得自然潇洒。有理、没理、饶人不饶人，一般都是在是非场上、论辩之中。如果是重大的是非问题，自然应当不失原则地论个青红皂白，甚至为追求真理而献身。但日常生活中，也包括工作中，常常为一些非原则问题、鸡毛蒜皮的问题争得不亦乐乎，以至于非得决一雌雄才算罢休。

时下里流行一句话："玩深沉。"实际上，在这种场合玩点深沉，正显示了一个人大度的风姿。争强好胜者未必能够掌握真理，而谦和的人，原本就把出人头地看得很淡，更不用谈一点小是小非的争论了，根本不值得称雄。假如你有理，却表现得十分谦逊，常常能显示出一个人的胸襟之坦荡、修养之深厚。

为人处世，不妨看轻自己

在现实生活中，有些人习惯以自我为中心，总把自己看得太重，而偏偏又把别人看得太轻。总以为自己博学多才、满腹经纶，一心想干大事、创大业；总以为别人这也不行，那也不行，唯独自己最行。一旦失败，就会牢骚满腹，觉得自己怀才不遇。自认怀才不遇的人，往往看不到别人的优秀；愤世嫉俗的人，往往看不到世界的精彩。把自己看得太重的人，心理容易失衡，个性往往脆弱却盛气凌人，容易变得孤立无援、停滞不前。

把自己看得太重的人，常常使人生表现得难以理智：总以为自己了不起，不是凡间俗胎，恰似神仙降临，高高在上、盛气凌人；总以为自

己是个能工巧匠，别人不行，唯有自己最棒；总以为自己的工作成绩最大，记功评奖应该放到自己头上，稍不遂意，骂爹骂娘……

把自己看得太重的人，容易使自己心理失衡、个性脆弱、意志薄弱；容易使自己独断骄横、跋扈傲慢、停滞不前。

看轻自己，是一种风度、是一种境界、是一种修养。把自己看轻，需要淡泊的志向、旷达的胸怀、冷静的头脑。

善于把自己看轻的人，总把自己看成普通的人，处处尊重别人；总觉得群众是最好的老师，自己始终是个小学生；即使自己贡献最大，也不居功自傲；处处委曲求全，为人谦虚和蔼。

把自己看轻，绝非一般人所能做得到的。它是光明磊落的心灵折射，它是无私心灵的反映，它是正直、坦诚心灵的流露。

把自己看轻，决不是去鄙视自己，决不是去压抑自己，决不是去埋没自己，决不是要你去说违心的话，决不是要你去做违心的事，决不是要你去理不愿理的烦恼。相反，它能使你更加清醒地认识自己、对待自己，不以物喜，不以悲。

把自己看轻，它并不是自卑，也不是怯弱，它是清醒中的一种经营；也不是鄙视自己、压抑自己、埋怨自己，也不是要你去说违心话，做违心事。相反，看轻自己，能使你更加清醒地认识自己。

20世纪美国著名小说家和剧作家布思·塔金顿，有一次应邀参加红十字会举办的艺术家作品展览会。会上，一个小女孩请布思·塔金顿签名，布思·塔金顿欣然地接受了，他想，自己这么有名，小女孩肯定会喜欢自己的签名，但当小女孩看到他签的名字不是自己崇拜的明星的时候，当场就把布思·塔金顿的留言和名字擦得一干二净。布思·塔金顿当时很受打击，那一刻，他所有的自负和骄傲便瞬间化为泡影。从此以后，他开始时时刻刻告诫自己：无论自己多么出色，都别太把自己当回事！

名人尚且如此，何况我们这些平凡之辈？或许，你所听到的那些夸赞你的话语，只不过是一场游戏中需要的一句台词而已。等游戏结束，你应该马上清醒，摆正自己。我们应该知道，我们只不过是在扮演生活中的一个角色罢了。曲终人散后，卸下所有的妆，你会发现剩下的只有满身的疲倦，所有的掌声、鲜花、微笑，都只不过是游戏中必备的道具罢了。

在生活中，我们要学会看轻自己在事业上，即使春风得意，也不妨看轻自己，不要把自己当成众人之上的"楚霸王"，这样才能结交更多志同道合的盟友，听取更多有益于事业发展的意见；在朋友圈子里，不妨看轻自己，才能结识到推心置腹的哥们儿，让自己时刻保持清醒的头脑。总之，把自己看轻，才能成为天使，飞越坎坎坷坷，拥有和谐的人生！

现实生活中，有人把自己看重的地方很多，而把自己看轻的地方很少；看重自己的东西很多，而看轻自己的东西很少。

诗人鲁藜曾说道："如果在一个群体里，老把自己当做主角，别人不仅不会接受，反而会嘲笑你。"把自己看轻不是自暴自弃，也不是胆怯懦弱。看轻自己，你的谦逊必能为大家所折服。你越看轻自己，就越能被人看重。

看轻自我的人总不轻易放弃。他们深知，自己的成功是上天的安排，然而，是否去追求成功却在于自我的努力。

看轻自我的人总是不知足，对于成功总是低调却执著地追求着。聪明睿智，守之以愚；功被天下，守之以让；勇力振进，守之以怯；富有四海，守之以谦。

看轻自我的人，总是把过去的成功抛诸脑后，在前进的道路上迈向更高的平台；看轻自我，是把面临的挑战作为一种潜在的动力，心静如水，勇敢地去迎接；看轻自我，是全身心地去展现自我，乐观、自信、

充满活力。

所以，努力去做一个看轻自我的人，即使面临的将是一座难以攀登的高峰，也会以平和的心态去面对。别太拿自己当回事，其实是一种福分。

卖弄学问只会自取其辱

一次，古希腊哲学家捷诺的学生问他："老师，您的知识比我们渊博，您回答的问题又十分正确，可是，您为什么对自己的解答总是有疑问呢？"捷诺用手在桌上画了大小两个圆圈，并说："大圆圈的面积代表我的知识，小圆圈的面积代表你们的知识。我的知识比你们多，但是这两个圆圈的外面，就是你们和我不懂的部分。大圆圈的周长比小圆圈的长，因而我接触到的不懂的范围比你们多，这就是我为什么常常怀疑自己知识的原因。"

我们可以用一个形象的比喻来理解捷诺的回答：当你还小的时候，待在家的时候肯定不会感觉到世界之大，这时你是一只井底之蛙，但是，当你长大了，因为求学来到了其他省，你就会感觉到中国好大啊！后来，当你出了国，你又会感叹世界真大啊！而知识渊博的天文学家会感叹宇宙真大啊！就是这样，你接触的知识越多，学习的范围越广，你就越会发现自己知道得少了。

无论是谁，他所掌握的，都只是知识海洋里微乎其微的一小部分。然而在现实中，能够认识到这一点的人却很少，以致希腊著名喜剧家阿里斯托芬的弟子阿里斯塔克说："从前，全希腊仅有7位智者，因为只有他们才知道自己的无知。而当前，要找出7个自知无知的人却很不

· 110 ·

容易。"

有一天，苏格拉底遇到一位年轻人正在宣讲"美德"，苏格拉底便装作无知者的模样，向年轻人请教说："请问，什么是美德呢？"

那位年轻人不屑地答道："这么简单的问题你都不懂？告诉你吧——不偷盗、不欺骗之类的品行就是美德。"

苏格拉底继续装作不解地问："难道不偷盗就是美德吗？"

年轻人肯定地答道："那当然啦！偷盗肯定是一种恶德。"

苏格拉底始终不紧不慢地说："我在军队当兵的时候，记得有一次，我接受指挥官的命令，深夜潜入敌人的营地，把他们的兵力部署图偷出来了。请问，我的这种行为是美德还是恶德？"

那位年轻人犹豫了一下，辩解道："偷盗敌人的东西当然是美德。我刚才说的'不偷盗'，是指'不偷盗朋友的东西'，偷盗朋友的东西，那肯定是恶德！"

苏格拉底又说："还有一次，我的一位好朋友遭到了天灾人祸的双重打击，他对生活绝望了，于是买来一把尖刀，藏在枕头下边，准备夜深人静的时候，用它结束自己的生命。我得知了这个消息，便在傍晚时分溜进他的卧室，把那把尖刀偷了出来，使他免于一死。请问，我的这种行为究竟是美德还是恶德？"

那位年轻人终于认识到自己的无知，承认自己在"美德"这个问题上，只不过接受了传统的见解而没有深入地进行思考。

苏格拉底提出"人应该知道自己的无知"，意思是说，人类所具有的聪明智慧，其实是微不足道的；许多自以为有智慧的人，实际上并没有多少智慧。每个人都必须认识到这一点，时刻提醒自己，千万不要以"智者"自居。真正有学识的人尚且觉得自己无知，更何况资历尚浅的人呢。

一个人只有了解得越多，他才会认识到自己知道得越少，这是一条

人类的认识规律。剑桥大学的一个学生认为自己已"学有所成",去向老师辞行,这位老师深知这位学生的功底,看着这位"学有所成"的学生,老师慨然道:"事实上,你才刚刚入门!"

浅薄的人总以为自己天上地下无所不知,而富有智慧的哲人和有成就的人都会认为学海无涯,知识的海洋是无穷无尽的。伟大的物理学家牛顿也曾有感于此,他说,他只不过是一个在大海边拾到几个贝壳的孩子,而真理的大海他还未曾接触。

自认为学识丰富的人,由于对自己盲目自信,大多不容易接受别人的意见,尤其是那些处于领导岗位的人,他们往往强迫别人接受自己错误的判断,或擅自作决定。

为了避免上述情况发生,随着知识含量的增加,你必须要更加谦虚。即使谈到自己认为很有把握的事,也要以谦和的态度阐明自己的观点。在陈述自己的意见时,切勿太武断。若想说服别人,就先仔细倾听对方的意见,如果你在某一方面没有真才实学,那么,最好的方式就是不要故意卖弄学问,和周围的人以同样的方式说话。不要刻意去修饰措辞,只要纯粹地表达内容即可。绝对不可让自己显得有多么的了不起,或比周围的人更有学问。因为你周围那些说自己无知的人,很可能就是知识渊博的学者,在他们面前卖弄学问只会自取其辱。

骄矜的对立面是谦恭、礼让

做人不可没有傲骨,但是绝对不要有傲气,因为骄矜的对立面是谦恭、礼让。骄矜是一种可怕的不幸。现实中总有些傲气十足、自以为是的人,他们目光短浅,犹如井底之蛙,最终往往被现实的井壁碰得焦头烂额。

　　生活中，人最大的问题，就是骄矜之气盛行，千罪百恶都产生于骄傲自大。骄横自大的人，不肯屈就于人，不能忍让于人。做领导的过于骄横，就不可能正确地指挥下属；做下属的过于骄傲，则难以服从领导的意志；做儿子的过于骄矜，眼里就没有父母，自然就不会孝顺。

　　要忍耐骄矜之态，就必须不居功自傲，加强自我约束。要常常考虑到自己的问题和错误，虚心地向他人请教与学习。在克服骄傲自大方面，古人为我们作出了很好的榜样。

　　据《战国策》记载：魏文侯太子击，在路上遇到了魏文侯的老师田子方，击下车跪拜，田子方不还礼。击大怒说："真不知道是尊贵者可以对人傲慢无礼，还是贫贱者可以对人骄傲？"田子方说："当然是贫贱的人可以对人傲慢，富贵者怎敢对人骄傲无礼？国君对人傲慢会失去政权，大夫对人傲慢会失去领地。只有贫贱者的计谋不被别人使用，行为又不合于当权者的意思，不就是穿起鞋子就走吗？到哪里不是贫贱？难道他还会怕贫贱，会怕失去什么吗？"太子击见了魏文侯，就把遇到田子方的事说了，魏文侯感叹道："没有田子方，我怎能听到贤人的言论？"

　　富贵者、当权者本来自身就容易有骄傲之态，看不起地位不如自己的人，但是作为统治者，如果不能礼贤下士、虚心受教，他就可能因为自己的骄矜之气而失去政权，富贵者则可能因此而失去自己的财富。

　　俗话讲：退一步路更宽。要退，必先学会忍。事实上，退是另一种方式的进。暂时退却，养精蓄锐，以待时机，这样的退后再进则会更快、更有效、更有力。退是为了以后再进，忍住一时的欲望，暂时放弃某些有碍大局的目标，是为了最后实现更大的成功。这退中本身已包含了进，这种退实际上是一种进取的策略。

　　咄咄逼人的处世方式并不是明智的选择，我们不光自己要懂得适当

第六章　聪明圆滑恰到好处
——表现聪明，减少圆滑

地忍耐，也要善于接受对方提出的委曲求全的请求。对方提出诚恳的请求，表示他有力不从心之处，需要喘息，如果你非要逼着他硬拼，由于他可能做最后的反击，用尽全力和你拼命，那么即使你能取胜，代价也会相当大，因此，适当地忍耐和接受对方的忍耐，可创造"和平"的时间和空间，而你也可以利用这段时间来引导"敌我"态势的转变，维持现状或争取时间，做积极的准备，准备再次的较量。

以退为进，由低到高，这既是自我表现的一种艺术，也是自下而上竞争的一种方略。跳高时，离跳高架很近，想一下子就跳过去并不容易。如果能后退几步，再加大冲力，成功的希望就更大。人生的进退之道就是这样。

忍，是东方智慧的精髓。志趣高洁、生性淡泊，方能做到"忍"；慎独自律、自控自强，方能体现"忍"。总之，生活中，你只有忍住心中的傲气，才能有机会获得更大的成功。

有时候，尽管你力量不济，用骨气——仅仅是骨气，就能挫败蔑视你的狂妄的对手。其实我们平常不大注意的是，骨气对一个人来说是多么的重要，它能让一个弱小者霎时变得高大起来。

摒弃虚伪的谦虚

谦逊的人使人觉得有教养，因为谁都知道，一个人的力量终究有限，你不可能包打一切。就平常人来说，你的能力和功底，大家平常都看在眼里，自吹自擂、高傲自大只会惹人厌烦，所以，一个人尽他的能力，诚恳地去干他本分以内的工作，尽他的智慧，去研究他所不能解决的问题。偶有所得，偶有成就，他绝不夸张，因为他知道，他的所得与成就和过去别人的所得与成就比较起来，真是微乎其微，微不足道。这样积极的、谦逊的人，才是人群中最高尚、最可钦佩的人。

然而，真的谦逊是很难得的，因而成了一种宝贵的东西，也就出现了一些假冒的东西，而这些假冒的东西，正是大家最不喜欢的"虚伪"。

希腊大哲学家苏格拉底竭力攻击人类的装腔作势，用假的优胜来弥补他们的缺点，用虚伪的自尊来掩饰他们的卑劣。所以，他对于穿着漂亮的衣服在穷人面前摆架子的学生，会叱责其行为的荒谬；相反，一个富有而且心里也以富有为荣的人，却在穷人面前装出一副穷酸相来，他也要叱骂他的虚伪。

虚伪的谦逊，其卑劣比自夸更为厉害，因为自夸是自私自利的直接表现，而虚伪的谦逊者的卑劣行为，他还自认为是一种"美德"！

如何判断虚伪的谦逊？起码有一点，拒绝帮助别人的谦逊必定是虚伪的，比如，你和别人在儿童时期犯了行为上的错误，你因此抑郁不快，感觉惭愧。而当别人长大成人之后，谈过恋爱，结过婚，把儿童时的事情已经忘记得一干二净的时候，你却无法从罪过中自拔并为此自责不已，你就不敢走到社会里去。如果有人希望你在一桩慈善事业上帮一点忙，你也会摇着头拒绝，因为你自以为这种高尚的活动是不配你参加的，无论别人如何恳请，都不能使你动摇，改变你的决定。

你的这种做法貌似谦逊，实是虚伪，不过是拒绝和社会合作的一种掩饰罢了。你本可以伸出手为社会做一点好事，可是你情愿在"谦逊"中过着寂寞的生活，因为你要避免你不体面的回忆再现，这样，你就心安理得，觉得自己很高尚。然而，你的谦逊不过是表示了你的虚荣、利己、不合作的心理罢了，于社会、于自己毫无好处。

世上没有一个人是谦逊到甚至不能帮助他人的程度的，如果有，便是虚伪的谦逊，是需要放弃的虚伪。

第六章 聪明圆滑恰到好处
——表现聪明，减少圆滑

虚伪的谦逊，是人们的一种恶习，他们借此可以逃避一切义务和责任，推托一切合作；真正的谦逊，用不着过多的表白，是从他的力量和成就中可以感觉出来的。何不撕开那一层虚伪的面纱，露出真实的自己——虽然可能有痛，但这样可以活得轻松而有意义。

　　俗话说："满招损，谦受益。"谦虚绝非虚伪，低调不是自卑。难怪英国文学评论家艾迪生说："谦逊不仅可以增添光彩，也可以维护美德。"而法国小说家勒纳尔则大声疾呼道："谦逊吧！它是一种最不能冒犯别人的骄傲。"

个性不必太张扬

　　时下，年轻人可能都认为有个性很重要，他们最喜欢谈的就是张扬个性。

　　时下的种种媒体，包括图书、杂志、电视等，也都在宣扬个性的重要性。

　　我们可以看到，许多名人都有非常突出的个性：爱因斯坦在日常生活中非常不拘小节，巴顿将军性格极其粗野，画家梵高是一个缺少理性、充满了艺术妄想的人。

　　名人因为有突出的成就，所以他们许多怪异的行为往往被社会广为宣传。有人甚至产生这样的错觉：怪异的行为正是名人和天才人物的标志，是其成功的秘诀。我们只要分析一下，就会发现这种想法是十分荒谬的。

　　名人确实有突出的个性，但他们的这种个性，往往表现在创作的才华和能力之中。正是他们的成就和才华，使他们的特殊个性得到了社会的肯定。如果是一般的人，一个没有多少本领的人，他们的那些特殊的行为，可能只会遭到别人的嘲笑。

年轻人为什么那么喜欢谈个性，那么喜欢张扬个性呢？我们先探讨一下年轻人所张扬的个性的具体内容是什么。

他们张扬的个性，相当一部分是一种习气，是一种希望自己能任性而为所欲为的愿望。年轻人有许多情绪，他们希望畅快地发泄自己的情绪，他们不希望把自己的行为束缚在复杂的条条框框中，所以年轻人喜欢张扬个性。

张扬个性肯定要比压抑个性舒服，但是，如果张扬个性仅仅是一种任性，仅仅是一种意气用事，甚至是对自己的缺陷和陋习的一种放纵的话，那么，这样的张扬个性对你的前途肯定是没有好处的。

年轻人非常喜欢引用但丁的一句名言："走自己的路，让别人去说吧！"

但作为一个社会人，我们真的能这么"洒脱"吗？比如你走在公路上，如果仅仅走自己的路而不注意交通规则的话，警察就会来干涉你，会罚你的款。如果你走路不注意安全，横冲直撞的话，还有可能出车祸。所以"走自己的路，让别人去说吧"这种态度，在现实生活中是不大行得通的。社会是一个由无数个体组成的人群，我们每个人的生存空间并不是很大，所以，当你想伸展四肢舒服一下的时候，必须注意不要碰到别人。当我们张扬个性的时候，必须考虑到我们张扬的是什么，必须注意到别人的接受程度。如果你的这种个性是一种非常明显的缺点，你最好的选择还是把它改掉，而不是去张扬它。

我们必须注意：不要使张扬个性成为我们纵容自己缺点的一种漂亮的借口。社会需要我们创造价值，社会首先关注的，是我们的工作品质是否有利于创造价值。个性也不例外，只有当你的个性有利于创造价值，是一种生产型的个性，你的个性才能被社会接受。

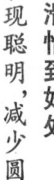

第六章 聪明圆滑恰到好处——表现聪明，减少圆滑

117

巴顿将军性格粗暴，他之所以能被周围的人接受，原因是他是一个优秀的将军，他能打仗，否则他也会因为性格的粗暴而遭到社会的排斥。

所以我们应该明白：社会需要的是生产型的个性，只有你的个性能融入到创造性的才华和能力之中，你的个性才能够被社会接受，如果你的个性没有表现为一种才能，而仅表现为一种脾气，它往往只能给你带来不好的结果。

第七章

尊重宽容恰到好处
——彼此尊重,相互宽容

尊重、宽容、包容是恰到好处的必修课,人生在世,矛盾无处不在。只要我们能够以豁达的心态去宽容、去理解,许多看似严重的问题其实也没什么大不了,许多看似尖锐的矛盾也会冰消雪融,最终你好、我好、大家好。以一颗尊重宽容之心去释怀那些成长印记里的日子,将心事交给清风浮云,不再辛苦经营那份烦恼和秘密,你就会感觉生活原来那么轻松自如,快乐就在你的前方向你招手,能更好地去面对自己的快乐人生。敞开心怀海纳百川,心如止水力挽狂澜,是恰到好处的最高境界,实现恰到好处的境界要像海洋一样包容。

用理解和原谅熬一服包容的汤药

　　学会包容，是一种美德、一种气度，因为你能容得他人所不能容，所以你也必将拥有别人不能拥有的美好。禅者说："量大则福大。"就是在说因为你有一颗包容的心，所以，能获得最大的福缘。

　　包容问题的过程也是"互补"的过程。别人有了过失，若能予以正视，并以适当的方法给予批评和帮助，便可避免大错。自己有了过失，也不必灰心丧气，一蹶不振，同样也应该吸取教训，引以为戒，取人之长，补己之短，重新扬起工作和生活的风帆。

　　包容残缺是一种美，当你选择包容问题时，你就给了这个世界无比的荣耀。而你将得到这世界最美的祝福。

　　包容是一剂良药，医治人心灵深处不可名状的跳动，滋生永恒的人性之美。我们不仅要包容朋友、家人，还要包容我们的敌人、对手。在非原则性的问题上，以大局为重，你会体会到幸福的喜悦、化干戈为玉帛的喜悦、人与人之间相互理解的喜悦。要知道你并非踽踽单行，在这个世上，虽然人们各自走着自己的生命之路，但是纷纷攘攘中难免有碰撞。如果冤冤相报，非但抚平不了心中的创伤，而且只能将伤害绑捆在无休止的争吵上。

　　拥有了宽阔的胸襟和气度，即使是面对敌人也不吝赞美之词，并且在行为上予以宽大。当报复的机会来临时，这种胸襟最见精彩。它并不规避可施报复的情况，而是善加运用，化潜在的报复行动为出人意料的慷慨宽恕。治人之道，奥妙就在于此，政治的超凡境界也由此产生出来。这种胸襟从来不会炫耀它的胜利，也从来不装腔作势；成功即便是凭本事而得来的，它也懂得怎样不露痕迹。

有这样一则故事：一位妇人同邻居发生纠纷，邻居为了报复她，趁夜偷偷地放了一个骨灰盒在她家的门口。第二天清晨，当妇人打开房门的时候，她深深的震惊了。她并不是感到气愤，而是感到仇恨的可怕。是啊，多么可怕的仇恨，它竟然衍生出如此恶毒的诅咒！竟然想置人死地而后快！妇人在深思之后，决定用宽恕去化解仇恨。

于是，她拿着家里种的一盆漂亮的花，也是趁夜放在了邻居家的门口。又一个清晨到来了，邻居刚打开房门，一缕清香扑面而来，妇人正站在自家门前向她善意地微笑着，邻居也笑了。

一场纠纷就这样烟消云散了，她们和好如初。

包容敌手，除了不让他人的过错来折磨自己外，还处处显示着你的淳朴、你的坚实、你的大度、你的风采。那么，在这块土地上，你将永远是胜利者。只有包容才能愈合不愉快的创伤，只有包容才能消除一些人为的紧张。学会包容，意味着你不会再心存芥蒂，从而拥有一分轻松、一分潇洒。

在生活中，我们难免与人发生摩擦和矛盾，其实这些并不可怕，可怕的是我们常常不愿去化解它们，而是让摩擦和矛盾越积越深，甚至不惜伤害彼此，使事情发展到不可收拾的地步。用包容的心去体谅他人，真诚地把微笑写在脸上，其实也是善待我们自己。当我们以平实真挚、豁达的心去宽待对方时，对方当然不会没有感觉，这样心与心之间才能架起沟通的桥梁，这样我们也会获得快乐、获得幸福。

可见，做一个大度的人是多么的重要，当我们潜心求学的同时，不妨也来修身养性，培养自己的宽大、豁达胸怀，对于别人的缺点尽量包容些。

包容别人你不会有什么损失，反而还会得到别人的尊敬、信任、誓死效力，何乐而不为呢？

一个人能以包容对待周围的一切，是一种素质和修养的体现。大多数人都希望得到别人的包容和谅解，可是自己却做不到这一点，因为他们总是把别人的缺点和错误放在烦恼和怨恨里。包容是幸福的一种美，当你做到了你就是幸福的化身。

用包容超度苦，苦就会化成甘

让我们多一点理解，少一点猜疑；多一点理智，少一点偏执；多一点安慰，少一点埋怨。请相信，用包容的胸襟对待他人，就是用包容的胸襟接纳我们自己，多一点对他人的大度，我们的生命中就多了一点空间，我们就会多一份快乐，拥有更和谐的氛围、更长久的幸福！

生活中，一些人留给别人的印象往往是苛刻的，人应该学习以平和包容的心去面对生活，因为用包容超度苦，苦就会化成甘。包容是人的一种生存智慧，是看透了社会人生以后所获得的从容、自信、超然和大度。

我们来到这个世界上有两大使命：一是丰富世界，二是完善世界。用包容这个武器，可以化解这个世界上的一切矛盾。不懂得包容的人需要先从自身找原因。

在社会生活中，尤其是面对亲情、友情、爱情时，人难免会遇到意见相左、矛盾激化的时候，若没有冒犯到自己的原则，你不妨包容对待、不计得失、以心换心。亲人之间，包容大度会让人备觉温馨祥和，温情脉脉；朋友之间，包容大度能弥合双方的矛盾，沉淀心底的珍惜；爱人之间，包容大度能消除不和谐的关系，让爱变得甜蜜、长久。人是生活在天堂、还是地狱，全在自己，若你具备包容之心就会永远在天堂，享受如沐春风的人间温情。

电视剧《京华烟云》中的姚木兰就是用一颗包容之心，改变了生活，收获了幸福。

木兰本来有一位情投意合的意中人，但阴差阳错，她不得不离开心爱的人，代妹出嫁，嫁给了她不爱、也不爱她的曾荪亚。在木兰的心里，既然入了洞房，成了夫妻也算是缘分，就要好好珍惜，在婚姻里培养感情。但荪亚是一个极具叛逆性格的人，他不喜欢被人管教，也不接受这桩婚姻，他爱上了小鸟依人般的曹丽华。木兰得知之后，没有大吵大闹，反而找到曹丽华，和她谈话，以自己的包容大度使曹丽华心生愧疚；为了搭救落难的曹丽华，木兰甚至忍辱向京城恶少深鞠一躬，要知道，她救的可是自己丈夫的情人！不仅如此，她还和丈夫一起把身子羸弱的曹丽华接回家里照料，这无异于引狼入室，聪明的木兰岂能不知？但她更知道，自己的丈夫现在就像一个任性的、被人宠坏的孩子，自己不这么做，只会使他更快地离开自己。

木兰在等待，等待丈夫明白作为男人应负的责任，木兰是在以一个女人极大的善良和忍耐力在包容自己的丈夫和自己的情敌。她心里不苦吗？苦！在一个风雨交加的夜晚，荪亚担心曹丽华害怕，偷偷地跑去陪她，他走之后，装睡的木兰痛哭失声。即便如此，在曾家人准备趁荪亚出国留学不在家、强迫曹丽华嫁人时，是木兰及时帮助她逃了出去。木兰的所作所为，不仅是在挽回丈夫的心、挽救自己的婚姻，而且是她包容善良的人格促使她去帮助一切需要帮助的人。

木兰的努力没有白费，生活的种种磨难终于使荪亚成熟了，他真正认识到了"这么多年，躺在我身边的，才是最值得我珍爱的宝贝。"

包容大度是人的一种绝佳幸福，蕴涵着温暖的凝聚力，显示了非凡的气量，散发出仁爱的光芒。人生万象，无不充满了对立、矛盾，如何寻求两者间的协调，达至和谐呢？这就需要我们扩大自己的胸襟和容人

第七章 尊重宽容恰到好处
——彼此尊重，相互宽容

之道，不要以狭隘的眼光去看待人和事，无理取闹、过分苛责，而是用宽大、通达的心和眼光来细细打量，真实地感知生活，享受生命的美好。

包容大度是人涵盖万物、宏观处世的秘诀，是良好修养、高雅风度的体现，是人仁慈善良、超凡脱俗的生动演绎，如此面对生活、人生，你才能拥有更多的幸福，活得更轻松、洒脱。

友情也需要包容的阳光

宽容意味着理解和通融，是融合人际关系的催化剂，是友谊之桥的紧固剂，宽容还能将敌意化解为友谊。

天空包容每一片云彩，不论其美丑，所以天空广阔无边；高山包容每一块岩石，不论其大小，所以高山雄伟无比；大海包容每一朵浪花，不论其清浊，所以大海浩瀚无边。

在现实生活中，难免会发生这样的事：亲密无间的朋友，无意或有意做了伤害你的事，你是包容他，还是从此分手，或待机报复？有句话叫"以牙还牙"，分手或报复似乎更符合人的心理本能。但这样做了，怨会越结越深，仇会越积越多，真是冤冤相报何时了。如果你在切肤之痛后，采取别人难以想象的态度，包容对方，表现出宽广的胸襟，你的形象瞬间就会高大起来，你的宽宏大量、光明磊落使你的精神达到一个新的境界，你的人格也折射出高尚的光彩。

戴尔·卡耐基在电台上介绍《小妇人》的作者时，心不在焉地说错了地理位置，其中一位听众就写信来骂他，把他骂得体无完肤。他当时真想回信告诉她："我把地理位置说错了，但从来没有见过像你这么粗鲁无礼的女人。"但他控制了自己，没有向她回击，他鼓励自己将敌意化解为友谊。他自问："如果我是她的话，会像她一样愤怒吗？"他尽量站在她的立场上来思索这件事情。他打了个电话给她，再三向她承认错误并表达歉意。这位太太终于表示了对他的敬佩，希望能与他进一步深交。

英国诗人济慈说："人们应该彼此容忍，每个人都有缺点，在他最薄弱的方面，每个人都能被切割捣碎。"每个人都有弱点与缺陷，都可能犯下这样或那样的错误。作为肇事者要竭力避免伤害他人，但作为当事人要以博大的胸怀宽容对方，避免消极情绪的产生，并让彼此回到和谐的状态中来。

唐朝的李靖，曾任隋炀帝时的郡丞，最早发现李渊心存谋反之意，于是向隋炀帝检举揭发。李渊灭隋后要杀李靖，李世民反对报复，再三请求保他一命。后来李靖驰骋疆场，征战不疲，安邦定国，为李家王朝立下赫赫战功。魏征曾鼓动太子李建成杀掉李世民，李世民同样不计旧怨，量才重用，使魏征觉得"喜逢知己之主，竭尽力用"，也为唐王朝立下了丰功。不念旧恶，是赢得人心的一种很好的艺术。

只要我们宽厚待人，将会得到对方的感激，而在日后的生活中获益。

美国第三任总统杰斐逊与第二任总统亚当斯从交恶到宽恕就是一个生动的例子。

杰斐逊在就任前夕，想去白宫告诉亚当斯，他希望针锋相对的竞选活动并没有破坏他们之间的友谊。但据说杰斐逊还来不及开口，亚当斯便咆哮起来："是你把我赶走的！是你把我赶走的！"从此两人没有交往达数年之久，直到后来杰斐逊的几个邻居去探访亚当斯，这位坚强的老人仍在诉说那件难堪的事，但接着脱口说出："我一直很敬重杰斐逊，我对他的印象非常好，现在也是如此。"邻居把这话传给了杰斐逊，杰

第七章 尊重宽容恰到好处
——彼此尊重，相互宽容

斐逊便请了一个彼此皆熟悉的朋友传话，让亚当斯也知道他一直记得彼此的友情。后来，亚当斯写了一封信给他，两人从此开始了美国历史上最伟大的书信交往。

这个例子告诉我们，宽容是一种多么可贵的精神，多么高尚的人格。

恰到好处在于计较得少

遇事斤斤计较，就会增添生活中的烦恼，在我们的生活中，尤其需要大度。如果一个人气量狭小、遇事斤斤计较，那么在生活中就会处处碰壁，烦恼无限。假如能以实际行动理解、包容别人，那么你也会得到别人的理解与包容，从而获得更多的幸福。

心胸豁达的人会对别人更宽容，而心胸狭窄的人则会为一点儿小事斤斤计较，这两种人哪一种更受欢迎，不言而喻。我们当然不会希望自己的人际关系糟糕到别人都排挤和疏远自己，那么就需要我们尽量让自己的心胸宽阔起来，对于一些小事不要太计较。

生活中总是有一些人心胸不够开阔，一点点小事就足以让他们心烦意乱。当别人无意中惹到他们时，他们总是抱着斤斤计较的心态，摆出一副寸土必争的姿态去面对生活中一些鸡毛蒜皮的小事。他们做人的原则就是一点儿小事也得计较，但实际上往往是这种人最容易受伤。

公交车上总是会有那么多人，从来就没有空的时候，这日莎燕下班回家，在公司门前的那个站牌等公交车。左等右等，终于来了一趟。

哇噻！公交车里好多人，黑压压的。莎燕努力地向上挤，终于挤上了车。但挤车时一不小心，踩了旁边的胖大嫂一脚，胖大嫂的大嗓门叫开了："踩什么踩，你瞎了眼了？"莎燕本还想道歉，但一听这话，面子上挂不住了，"就踩你了，怎么着？"

于是，两个女人的好戏开演了。双方互相谩骂，恶语相加。随着火力的升级，两人竟然动起了手，胖大嫂先给了莎燕一下，莎燕也立即以牙还牙，两手都上去了，在胖大嫂脸上乱抓一通。还是边上的好心人把两人拉了开来。

莎燕的指甲长，抓破了胖大嫂的脸，而她却没怎么受伤。想到这里，莎燕不禁得意起来。

终于回到了家，一进家门莎燕便向老公倒起了苦水。不过她倒认为自己没吃亏，反倒把那恶妇抓破了脸，所以，讲到这里一脸的灿烂，这时老公看了她一下，惊奇地问道："你右耳朵上的那个金耳坠呢？"莎燕一摸耳朵，耳坠早已不见了……

我们经常以为斤斤计较就是让自己不吃亏，事实上，这是一种小肚鸡肠的表现。总以为别人占自己一分便宜，自己就要想尽办法占三分回来，否则自己就是吃了大亏，但是事实真的就像我们想象的那么单纯吗？

一个度量狭小的人，会有谁敢靠近你？反之，以实际行动理解和包容对方，不仅可以使那些对你不敬的人心生惭愧，同时还可以告诉别人你的胸怀和气度是别人无法企及的，那么你会在不知不觉中吸引许多有德之人。这才是吃小亏、赚大便宜的上上之策。不要做那种斤斤计较的傻事，对你没有任何好处。

宽容是一种能力，一种停止让伤害继续扩大的能力。宽容不只是慈悲，也是休养。在生活中，宽容可以产生奇迹，宽容可以挽回感情上的损失，宽容犹如一个火把，能照亮有焦躁、怨恨和复仇心理铺就的黑暗道路。

学会为别人的过失找到原谅的理由

宽以待人，正是以宽广的胸怀、气度，创造和谐、幸福的环境。大肚能容容天下难容之事，使别人敬重和倾慕你的人品，并使你具有很大的人格魅力，特别是在竞争激烈的今天，宽以待人会使人人都喜欢与你交往，所以，宽以待人是入世的一个重要原则。

谁都想自己在为人处世方面能够做得比较周全，有一个相对轻松和谐的环境，与别人友好的相处，那么容人是不可或缺的。我国古代就有"君子宽以待人"的处世方法。

所谓能宽以待人，就是指对他人的要求不可过分，不强求于人，而是以宽容为怀。

太阳还未升起前，庙前山门外凝满露珠的春草里，跪着一个人："师傅，请原谅我。"

他是城中最风流的浪子，10年前，却是庙里的小和尚，极得方丈宠爱。方丈将其毕生所学全数传授，希望他能成为出色的佛门弟子。但他却在一夜间动了凡心，偷下山门，五光十色的都市迷乱了他的双眼。从此花街柳巷，他只管放浪形骸。

夜夜都是春，却夜夜不是春。10年后的一个深夜，他陡然惊醒，窗外月色如水，澄明清澈地洒在他的掌心。他忽然深深忏悔，披衣而起，快马加鞭赶往寺里。

"师傅，你肯宽恕我，再收我做弟子吗？"

方丈痛恨他的辜负，也深深厌恶他的放荡，只是摇头："不，你罪孽深重，必堕阿鼻地狱。要想佛祖饶恕，除非……"方丈信手一指供桌,"连桌子也会开花。"

浪子失望地离开。第二天早上,当方丈踏进佛堂的时候,惊呆了,一夜之间,供桌上开满鲜艳的花朵,红的、白的,每一朵都芳香逼人。

方丈在瞬间大彻大悟。他连忙下山寻找浪子,却已经来不及了,心灰意冷的浪子又恢复了他原来的荒唐生活。而供桌上开出的那些花朵,也只开放了短短的一天。

生活中,没有人能做到万无一失,中国有句古话叫做"浪子回头金不换"。既然别人有了一个改过自新的机会,你就要去伸手接纳他。佛陀不会嫌弃一个犯了错而知悔改的人。假如我们总是拿着别人的缺点去评三论四,而不从自己身上找缺点,那么,我们便不是一个理智、聪明的人。因为,聪明人往往是那种严于律己、宽以待人的人。宽以待人是一个道德水平较高的表现。

古谚说:"有容,德乃大。"你希望别人理解自己,就要肯宽容别人,要将心比心,多给人一些关怀、尊重和理解;对别人的缺点要善意指出,不能幸灾乐祸;对别人的危难应尽力相助,不应袖手旁观、落井下石。即使是自己人生得意马蹄疾时,也不能得意忘形、居功自傲,而是应多想想别人对自己的帮助和恩惠,让三分功给别人。人总是喜欢和宽容厚道的人交朋友的,正所谓"宽则得众"。

"圣人之宽厚,使人有所恃。圣人之精明,不使人无所容。"也就是说,用无原则的宽容恶人去换取自己的宽厚名声,或列举别人琐碎小事换自己精明的名声,都是有失偏颇的。圣人的宽容程度是不使小人有所依靠,也不使小人容身。这也是我们所应把握的度。对恶人无原则地宽容无异于助纣为虐,是对善良人们的残忍,孔夫子说:"唯仁者能好人,能恶人。"朱熹也讲:"血气之怒不可有,义理之怒不可无。"我们在懂得宽以待人的同时,也应懂得嫉恶如仇,捍卫正义。只有做到当宽则宽、当严则严、抑恶扬善,才是真正的宽以待人。

忘记仇恨，心灵才能自由平和

出于自身的健康与幸福，学会宽恕敌人，甚至忘了所有的仇恨，也可以算是一种明智之举。有句名言说："无论被虐待也好，被抢掠也好，只要忘掉就行了。"

当我们对自己的对手心怀仇恨时，就等于给了他们制胜的力量；给了他们机会来控制我们的睡眠、胃口、血压、健康，甚至我们的心情。

憎恨伤不了对方一根毫毛，却把自己的日子弄得像生活在地狱中一般。莎士比亚说过："仇恨的烈焰会烧伤自己。"报复别人如何转移到伤及自己呢？《生活》杂志曾载文讲报复会毁了人的健康。文章说道："高血压患者最主要的个性特征是容易仇恨，长期的愤恨造成慢性心脏疾病，导致高血压的形成。"

在生活中，我们可能会遭到别人的误会甚至伤害，而如果对此一直耿耿于怀，就会对我们的心理乃至生理健康带来伤害。反之，忘记和宽恕那些事、那些人，则对我们的健康大有益处。

俗话说："勺子总会碰锅沿，脚板总要擦地皮。"在交往过程中，人和人之间难免会有一些摩擦，但是请记住"在这小小的天地里，我们大家生活在一起"这个道理。既然如此，还有什么大不了的事总是让你耿耿于怀呢？要知道，没有度量的人，是干不出什么事业、成不了什么气候的。

面对别人的伤害，有的人选择了逃避，有的人选择了怨恨，有的人则极端地选择了报复。然而，最明智的选择却是宽恕。

第二次世界大战期间，一支部队在森林中与敌军相遇，经过一场激战，有两名来自同一个小镇里的战士与部队失去了联系。他们俩相互鼓励、相互宽慰，在森林里艰难跋涉。

10多天过去了，仍然没有与部队联系上，他们靠身上仅有的一点儿鹿肉维持生存，他们巧妙的避开了敌人。然而，这时走在前面的安德森却出乎意料的中了枪。子弹打在安德森的肩膀上，他的同伴跑过去，抱着安德森泪流满面，嘴里一直念叨着自己母亲的名字。

后来，他们都被部队救了出来。此后30年，安德森假装不知道此事，也从不提及。安德森后来在回忆起这件事时说："战争太残酷了，我知道向我开枪的就是我的战友，知道他是想独吞背在我身上的鹿肉，知道他想为了他的母亲而活下来。直到我陪他去祭奠他母亲的那天，他跪下来求我原谅，我没有让他说下去，而且从心里真正宽恕了他，我们又做了几十年的好朋友。"

在字典里，"宽恕"的意思是理解和同情那个受自己支配且无权要求宽大的人。安德森在得知自己的战友对自己开了黑枪之后，完全可以与之绝交但安德森竟然从战争对人性的扭曲，人求生存、求团圆的天性上宽恕了他的战友，依然与曾经想杀害自己的人做了一生一世的朋友。

宽恕是放下、是力量。亲人之间的误会、矛盾，就如同挡在我们面前的一根立柱，只要轻轻的绕过去，继续前行就可以了。当回过头来看时，这些矛盾和误会其实很渺小，不值得一提。并且，亲人之间的误会和矛盾在得到互相宽恕之后，立刻会转化为一股强大的力量，让亲情更牢固，彼此从中获取的利益比以往任何时候都更多。

因此，与其恨我们的对手，何不让我们同情他们，并感谢苍天没有让我们跟他们有同样的生活。与其诅咒、报复我们的对手，何不给他们以谅解、同情、帮助、宽容和祝福。

要培养内心的平安与快乐，就请记住：永远不要尝试去报复我们的对手，那样对自己的伤害将大大超过给予他人的。绝对不要把时间浪费

在仇恨上，哪怕是一秒钟。

　　宽恕是一种非凡的气度、一种宽广的胸怀，更是一种高贵的品质、一种崇高的境界。宽恕错误决不是纵容对方犯错，更不是对对方的错误视而不见、听而不闻、不管不问，而是需要用一颗平常心去对待，对其正确引导，给予其改过的勇气与机会。

宽厚待人，多为对方想一想

　　理解是润滑剂，它能协调我们与他人之间的关系。不要睚眦必报，试着用友善与理解对待一切，它会比所有的愤怒和暴力加起来更有力量。

　　人与人之间需要宽容、需要理解。宽容是催化剂，可以消除隔阂、减少误会、化解矛盾；宽容是润滑剂，能调节关系、减少摩擦、避免碰撞；宽容是清新剂，令人感到舒适、感到温馨、感到自信、感到世界的美好。

　　在人群中，我们难免会与他人发生摩擦，这时，我们就应该多容人之过。自己有理，心里知道就好了，千万不要得理就不依不饶的！

　　在生活中我们要原谅对方，工作上同样也要原谅别人的过错。

　　俗话说："一滴蜜比一加仑胆汁，能招来更多的苍蝇。"确实，温柔与和善比愤怒与暴力更强而有力。

　　一位社交界的名人——戴尔夫人，来自长岛的花园城。戴尔夫人说："最近，我请了少数几个朋友吃午饭，这种场合对我来说很重要。当然，我希望宾主尽欢。我的总招待艾米，一向是我的得力助手，但这一次却让我失望了。午宴很失败，到处看不到艾米，而是另外一个侍者来招待我们。这位侍者对第一流的服务一点儿概念也没有。每次上菜，他都是最后才端给我的主客，并且有一道菜是在很大的盘子里上了一道极小的芹菜，肉没有炖烂，马铃薯油腻腻的，糟透了。我简直气死了，我尽力从头到尾强颜欢笑，但不断对自己说：'等我见到艾米再说吧，我一定要好好给他一点颜色看看'。"

"这顿午餐是在星期三。第二天晚上，听了为人处世的一课，我才发觉：即使我教训了艾米一顿也无济于事。他会变得不高兴，跟我作对，反而会使我失去他的帮助。我试着从他的立场来看这件事：菜不是他买的，也不是他烧的，他的一些手下太笨，他也没有法子。同时也许是我的要求太严厉了，火气太大了。所以我不但不准备苛责他，反而决定以一种友善的方式作开场白，以夸奖来开导他。这个方法很有效。第三天，我见到了艾米，他带着防卫的神色，严阵以待准备争吵。我说：'听我说，艾米，我要你知道，当我宴客的时候，你若能在场，那对我有多重要！你是纽约最好的招待。当然，我很谅解：菜不是你买的，也不是你烧的。星期三发生的事你也没有办法控制。'我说完这些，艾米的神情开始松弛了。"

"艾米微笑地说：'的确，夫人，问题出在厨房，不是我的错。'"

"我继续说道：'艾米，我又安排了其他的宴会，我需要你的建议。你是否认为我们再给厨房一次机会呢？'"

"'呵，当然，夫人，当然，上次的情形不会再发生了！'"

"下一个星期，我再度邀人午宴。艾米和我一起计划菜单，他主动提出把服务费减收一半。当我和宾客到达的时候，餐桌上被两打美国玫瑰装扮得多彩多姿，艾米亲自在场照应。即使我款待皇后，服务也不能比那次更周到。食物精美，服务完美无缺，饭菜由4位侍者端上来，而不是一位，最后，艾米亲自端上可口的甜美点心作为结束。

"散席的时候，我的主客问我：'你对招待施了什么法术？我从来

第七章 尊重宽容恰到好处
——彼此尊重，相互宽容

没见过这么周到的服务。'"

"她说对了。我对艾米施行了友善和诚意的法术。"

没有什么事情会是绝对的，首先要相信我们自己的自控能力，也要学会友善和理解，对人更要多一份理解、多一份真诚。友善和理解是个重要的环节，让我们都学会多点友善，学会多点真诚，学会爱自己，爱自己身边的人。

让我们多一些宽容、少一些争吵；多一些宽容，少一些埋怨；多一些宽容，少一些猜疑；多一些宽容，少一些摩擦；多一些宽容，少一些忧愁。让我们多一些宽容，多一份爱心；多一些宽容，多一份开心；多一些宽容，多一份信任；多一些宽容，多一片辽阔的天空；多一些宽容，多一片灿烂的阳光！

给人面子，他会感谢你

就算是别人犯了错，而我们是正确的，如果没有为别人保留面子，也可能会让事情演化得更加糟糕。

给他人留一个面子，这是一个何等重要的问题。而我们却很少有人会认真考虑这个问题。我们总喜欢摆臭架子，自以为是，当面指责雇员、妻子或孩子，而没有多思考几分钟，讲几句关心的话，设身处地为他人想一下。如果我们真的那么做了，我们就可以避免许多难堪与尴尬的场面了。

有一段时间，通用电气公司遇到一个需要慎重处理的问题——公司不知该如何安排一位部门主管马切尔的新职务。马切尔原先在电气部是个一级技术天才，但后来调到统计部当主管后，工作业绩却不见起色，原来他并不胜任这项工作。公司领导感到十分为难，毕竟他是一个不可多得的人才，何况他的性格还十分敏感。如果激怒惹恼了他，说不定会出什么乱子！经过再三考虑和协调之后，公司领导给他安排了一个新职位：通用公司咨询工程师，工作级别仍与原来一样，只是另换他人去管理他现在的那个部门。

对此安排，马切尔自然很满意。公司当然也很高兴，因为他们终于把这位脾性暴躁的大牌明星职员成功调遣，而且没有引起什么风暴。

一家咨询管理公司的会计师说："辞退别人有时也会令人烦恼，被人解雇更是令人悲伤。我们的业务季节性很强，所以，旺季过后，我们不得不解雇许多闲置下来的人员。我们这一行有句笑话：没有人喜欢挥动大刀。因此，大家都担心，避之唯恐不及，那解雇人的任务就会安排到自己头上，只希望日子赶快过去就好。例行的解雇谈话通常是这样的：'请坐，吉姆先生。旺季已经过去了，我们已没什么工作可以交给你做了。当然，你也清楚我们……'"

"除非不得已，我绝不轻易解雇他人，而且会尽量婉转地告诉他：'吉姆先生，你一直做得很好（假如他真是不错）。上次我们要你去油瓦克，那里的工作虽然很麻烦，但你处理得很完美。我们很想告诉你，公司以你为荣，十分信任你，愿意永远支持你，希望你不要忘记这里的一切。'如此，被辞退的人感觉好过多了，至少不觉得被遗弃。他们知道，如果我们有工作的话，一定会继续留住他们的。要是等我们再需要他们的时候，他们也是很乐意再投奔我们。"

宾夕法尼亚州的佛雷德·克拉科，谈到发生在他们公司的一件看似微小但影响颇深的事情：在一次开业务会议的时候，副总经理提出了一个严重的问题，是有关生产过程的管理问题。由于他把问题的矛头直接指向生产部总管，一副准备找碴儿的样子。为了保全面子，生产部总管对问题避而不答。这使副总大为恼火，直骂生产部总管是个伪君子。

第七章 尊重宽容恰到好处
——彼此尊重，相互宽容

说实在的，那位总管一直是个兢兢业业的员工。但从那天开始，他再也不愿像往常一样留在公司里了。几个月后，他跳槽到了另一家公司，据说成绩显著。

玛莎小姐也遇到过类似的情形，可是由于她的上司颇具人情味儿的处理方法给她留足了面子，结果自然与前者不同。玛莎小姐应聘到一家公司做市场调研员时，她的第一份差事就是为一项新产品作市场调查。她说道："当结果出来的时候，我几乎瘫倒在地，由于计划工作的一系列失误导致整个事件完全失败，必须从头再来。更不好处理的是，报告会议马上就要开始，我已经没有时间了。"

"当他们要求我拿出报告时，我吓得不能控制自己。为了不惹得大家嘲笑，我尽量克制自己，因为太过于紧张了，我简短地说明了一下，并表示我需要时间来重做，我会在下次会议时提交。然后，我等待老板大发脾气。"

"出乎意料，他先感谢我工作认真，并表示计划出现一些错误在所难免。他相信新的调查一定准确无误，会对公司有很大帮助。他在众人面前肯定我，让我保全了颜面，并说我缺少的是经验，不是工作能力。"

"那天，我挺直胸膛离开了会场，并下定决心不再犯同样的错误。"

从那以后，玛莎小姐的市场调研工作果然做得十分出色，工作中和公司的其他部门配合得很好。

实际上，就算是别人犯了错，而我们是正确的，如果没有为别人保留面子，也会毁了一个人。传奇性的法国飞行员兼作家圣苏荷依写道："我没有权利去做贬抑任何一个人自尊的事情。伤害他人的自尊不啻为一种罪过。"

一位英明的领导者会遵守这个重要的原则，怀特·摩洛拥有调解激烈争执的非凡能力。他是怎么做的呢？很简单！他只是小心翼翼地找出双方正确的地方，并对此加以赞扬，并积极的强调。他有一个很坚定的调解原则，那就是他从不指出任何人做错了什么事情。

世界上任何一位真正伟大的人，决不浪费珍贵的时间去羞辱失败者。1922 年，土耳其在经过长期的殖民统治之后，终于决定把希腊人逐出土耳其。凯墨尔对他的士兵发表了一篇拿破仑式的演说，他说："你们的目的地是地中海。"于是近代史上最悲惨的一场战争展开了。最后土耳其获胜，而当希腊将领前往总部投降时，几乎所有土耳其人都对他们击败的敌人加以羞辱。

但凯墨尔丝毫没有显出胜利的傲气。"请坐，先生。"他说着，并握住他们的手："你们一定走累了。"然后，在讨论了投降的细节之后，他安慰他们失败的痛苦。他以军人对军人的口气说："战争这种东西，最优秀的将领有时也会打败仗。"

凯墨尔即使是沉浸在胜利的喜悦中，仍能做到照顾手下败将的面子，这是多么可贵的一种行为！

可见，保留他人面子不仅是一种宽容的表现，更让人觉得你尊重别人，别人自然也会尊敬你、感谢你。

严谨不等于面无表情、不讲人情

在现实生活中、工作中，严谨的做事态度固然必要，但一个人的面部表情如亲切、温和、充满喜气等，远比你穿着一套高档、华贵的衣服更吸引人，也更容易受人欢迎。因此，在严谨工作的同时还需注意你的表情，该严肃时就严肃，该放松时就放松，这才是做人做事应保持的状态。

史蒂芬是美国一家小有名气的公司总裁，他十分年轻，几乎具备了

成功男人应该具备的所有优点：他有明确的人生目标，有不断克服困难、超越自己和别人的毅力和信心；他大步流星、雷厉风行、办事干脆利索，从不拖沓；他的嗓音深沉圆润，讲话切中要害；而且——他总是显得雄心勃勃，富于朝气。他对于生活的认真与工作的严谨是有口皆碑的，此外，他对于同事们也很真诚，讲求公平对待，与他深交的人都为拥有这样一个好朋友而感到自豪。

但初次见到他的人却对他少有好感，这令熟知他的人大为吃惊。为什么呢？仔细观察后才发现，原来他过于严肃，待人接物时几乎没有表情。

他总是目光炯炯、脸色冰冷、双唇紧闭，即便在轻松的社交场合也是如此。他在舞池中优美的舞姿几乎令所有的女士动心，但却很少有人同他跳舞。公司的女员工见了他更是畏如虎豹，男员工对他的支持与认同也不是很多。而事实上，他只是缺少了一样东西——表情。表情是一种感性的东西，它可以体现你的宽容、你的接纳、你的愤怒、你的排斥、你的开心，恰当的表情会缩短你和别人的距离，使人与人之间心心相通，真诚关爱。

与同事相处，应当热情，当他需要你的帮助时，你应主动搭讪，而不是冷眼旁观。当他获得成功时，你应该表示祝贺，当你碰到公司任何一个同事时，应该微笑着跟他打招呼。你想想：当你走到办公室，发觉人人对你视若无睹，没有人愿意与你讲话，也没有人愿意向你倾吐工作中的苦与乐时，你会怎么想？即使你专心于你的工作，但过于严肃的外表抹杀了周围人对你应有的热情，你在一个与同事一起工作的地方，而没有多少人与你沟通，你会快乐吗？

严谨的做事态度和风格与过于严肃的待人处世的表情是两码事，只有恰当区分，才能让严谨成为自己成事的助力。

第八章
助人乐人恰到好处
——乐于助人,巧于乐人

恰到好处是什么?恰到好处是只求奉献、不计索取,给予别人的多,朋友才能多。朋友多了,得助才能多。说到底,给予是一种分享、是一种捐赠、是一种慈善。给予就是我们今天所大力提倡的"乐于助人"精神。人们只要乐善好施,幸福自然会来。一个人生活在世上,渺小如大海里的一滴水,但只要真心真意地去付出,即使是一滴水,也能折射出太阳的光芒,成为最美丽的风景。而自己,也会在这奉献中体会到快乐与幸福。

付出爱心，你就种下了希望

爱默生曾说:"爱，将会给这个充满敌意的旧世界一张新面孔。"

曼彻斯特有一位仁慈者叫托马斯·莱特，他一生都在做受人冷落的囚犯的朋友。他没有什么社会地位，也没有多少财富，但他有一颗宽宏大度的爱心。

托马斯所受的教育不多，他早年从他母亲那儿获得了良好的品德教育，造成了他唯善是从的心理。在很早的时候，他便把他的心思放在无依无靠的罪犯身上，他知道社会对犯人的歧视，尽管他们在监狱里已改造好，并打算重新做人。托马斯先生住在监狱附近，他希望能够接近狱中的囚犯，可是很长时间他并没有得到允许。后来，他同事的父亲在狱中当看守，他把托马斯介绍给了监狱长。

经过几番思想工作，监狱长终于同意他在监狱里自由活动。托马斯亲自访问囚犯，与他们谈心，替他们出谋划策，鼓励他们改邪归正，并把消息传递给他们的家人，尽量使自己成为他们的朋友。在囚犯出狱时，他常常约见他们，将他们送回家，并用自己的微薄之力帮助他们，供给他们生活费用，然后尽力替他们找工作。

在大多数情况下，托马斯都获得了成功，工厂主也开始相信他，并且知道他是一个善良而仁慈的人，不会替他们出错主意。出于对他的信任，他们开始雇用出狱的囚犯。托马斯默默地为犯人做好事，在仅仅几年的时间里，他成功地为300名犯人找到了工作。他其至帮助女酒鬼们找到归宿，为闹别扭而出走的夫妻做调解工作。就这样默默无闻地工作了几年，他的行为受到了官方的注意，威廉上校在关于监狱状况年度工作报告中提到了他的名字，声称与托马斯深交的罪犯大部分都已重新做人。罪犯们信任和依赖他，几乎完全来自于他的朴实、谦虚以及慈父般的为善方式。

有时，托马斯一时不能为这些出狱的囚犯找到工作，他或者把自己的钱借给他们，或者在自己的朋友中进行一次募捐，把他们送出国。他先后送了960名犯人出国，使他们在新的、与旧时熟人相隔离的环境下重新生活。在这些帮助过的犯人中，有人给他写信，亲切地称他为"养父"、"父亲"、"朋友"、"慈父"。

托马斯一生很清贫，他几乎把仅有的收入都投入到出狱囚犯的解救和出国之中。他的行为不仅感化了曾经误入歧途的犯人，帮助他们摆脱了昔日罪恶的生活，同时给孤立无援的犯人送去一片温暖，帮助他们渡过了生活的难关，他的行为也深深地感动了每一个有良心和爱心的人。

如果我们希望人们生活得更加美好、更加幸福，希望曾经给我们和社会带来苦难和屈辱的人弃恶从善，就必须求助于一种更伟大、更仁慈的力量，即善的力量：爱可以使世界变得更加美好，一片爱心也会给自己带来真情的回报。

暴力是阴魂不散的魔鬼，一有机会便肆虐人间，它使不正常的报复心瞬间脱胎成仇恨，在"以牙还牙，以眼还眼"、貌似正义的旗帜下制造着腥风血雨。人们一旦被暴力压制住，往往会滋生出抵触情绪，时不时以凶残、憎恨、邪恶和犯罪等方式爆发出来。

而友善则是消除反抗、抚平愤怒情绪、融化铁石心肠的天使，它能够战胜邪恶，使生活更加美好、锦上添花。

善能克服恶，仁爱可以完成很多诉诸武力和暴力所完成不了的事情。用暴力和武力禁锢不了人们的思想，取而代之的只有反抗。

高情商者有化恶为善的力量，会用爱来感化恶的灵魂。这才能充分体现情商是一种艺术，一种控制自身情绪和感染他人情绪的艺术，这种艺术需要我们用一生的时间去追求。

左手给予爱，右手收获爱

你让别人分享的越多，给予的越多，你拥有的幸福就越多，这样它才不会使你成为一个吝啬的人，才不会使你感到恐惧："我或许会失去它。"

应该毫无疑问的相信：你一定无法找到一位慷慨施予、但却不受人欢迎的人物；也一定无法发现一位刻薄、自私、吝啬，可是却被人们普遍欢迎的人。

那些肯积极参与社会公益活动、肯大力帮助弱势群体、肯慷慨奉献、肯广结善缘的人物，往往会受到欢迎和尊敬。

有一位很成功的房地产商人就是这样做的，他同时拥有3幢办公大楼。

一般的房地产商人都会在圣诞节即将来临时，送一些礼物给他们的房客，通常是1/5或2/5加仑的酒类，表示一点意思。

这位商人却有一种与众不同的做法。他知道每一位房客都是有不同身份、不同背景的人物。他总会不时地送上一些极不寻常的礼物，这些礼物花费不多，可是却颇具功效。

有人曾为此向他请教："山姆！你认为送的礼物能抵回租金吗？"山姆不假思索地回答说："这些房客的确是本镇最忠实的房客了。他们一旦租了我的办公室，就舍不得退租，我的办公室永远也不会有空下来的时候。我的租金要比别人高出一些，然而还是一直供不应求，一切都源自于我很喜欢他们的缘故。"

可能有人会挑剔说："喔！山姆先生是一位百万富翁啊！当然负担

得起这种慷慨施予的。"但是，山姆先生的慷慨，并不是他有了财富以后的结果，而是他所以能获得财富的原因。

几个月以前，在大卫·史华兹的时间表上就排定了，仅有 90 分钟的间隔，要分别在亚特兰大市与田纳西州的度假地演讲，这简直让他分身乏术。但他未能及早发现这项错误，直到时间已经很紧迫了，只得接洽一架包机才能赶到。他当即决定去拜访他的朋友约翰先生，因为他拥有私人飞机，而且跟两家包机公司都很熟。

大卫·史华兹开门见山地问约翰先生："两家包机公司之中，你要推荐哪一家？"他毫不犹豫地说："约翰·古恩航线。"这真是一项非常大的人情负债，因此大卫·史华兹试图推辞。但是不管怎样，约翰先生就是不听，一直要坚持帮忙。他真的驾驶着自己的飞机，把大卫·史华兹很顺利地载到目的地，而且没有要史华兹一分钱。

约翰先生一直在做这种"很难得"的傻事。他会把非常热门的足球比赛入场券赠给想看球赛的人；他经常从老远的地方去搜购别致、特殊的礼品来馈赠朋友。

他这样做是否值得呢？回答是肯定的。约翰先生在他所从事的行业中赫赫有名，他的企业是全国最佳企业之一；而慷慨馈赠的做法，正是他所以能获得成功的关键因素之一。

要想多得到一些收获是人们本性的自然现象，而且也是很正常的。但是如果能采取倒向式的做法——像大部分有成就的人所遵循"先施予，后收获"的做法，那就更为难能可贵了。

爱，意味着风险和付出，而不是索取。当然，在真心付出之后，你自然就能获得。

第八章 助人乐人恰到好处
——乐于助人，巧于乐人

有德不必望感，施恩勿念回报

俗话说，"希望越大，失望越大"——期望回报的付出，常常会失望大于满足，沮丧大于惊喜；不期望回报的付出，则会惊喜大于失落，快乐大于悲伤。既然付出是一种奉献，何必去寻找奉献后的回报，让自己的内心失望太多呢？

当我们看到有人得到别人的帮助、保护和安慰时，我们对他的快乐抱有同感，也同样感激那个给予他快乐的人。

做好事的目的不同，结果就大不一样。人的爱心不该用来做交易，否则就失去爱心的本义了。一旦计较了这些，人们的心里就失去了原本的安宁；为了得失寻找平衡，对受惠者颐指气使就不可避免了。这样，人们只能怨恨施惠者的虚伪，也不会再有丝毫的感激之情了。

唐玄宗时，安禄山发动叛乱。后来，随着形势的不利，安禄山的心情越来越坏，他开始随意惩罚身边的人，包括他最信任的谋士严庄和贴身侍卫李猪儿。

严庄是安禄山一手提拔起来的心腹。当初，安禄山发现严庄是个人才，对他礼贤下士，很快就把他安置在重要岗位上。他曾对严庄推心置腹地说："你是读书人，知道的道理比我多，你可以随时指出我的过失，我是决不会怪罪你的。"

严庄受了安禄山的大恩，从此也一心报效，为他出谋划策，竭尽心力。他对朋友说："安禄山对我有知遇之恩，我就是为他搭上性命也报不完呀。大恩不言谢，我现在只有默默地做事报答他。"

李猪儿原是一个归降的僮仆，安禄山喜欢他的聪明伶俐，破例把他留在身边服侍自己。他给李猪儿许多赏赐，又给了他许多特权，随时都让他陪伴自己。

安禄山起兵叛乱不久，他的眼睛便失明了，身上也长了毒疮，他的情绪开始烦躁不安了。直到后来叛军进展不利，战败的消息接连不断，安禄山的情绪更坏，他杀身边的人泄气，平时总是大吼大叫。严庄劝他说："胜败乃兵家常事，不应该过于认真。现在形势虽然对我军不利，但并不是不可以挽救的。"

严庄话没说完，安禄山就指着他骂个不停，说："我对你有恩，你就是这样报答我吗？早知道你是个不中用的家伙，我就把你一刀砍了，留你有什么用呢？"

他命人鞭打严庄，打得他皮开肉绽。这样的凌辱发生过多次，严庄从心里恨他入骨，只是表面还保持着恭顺。李猪儿也经常无缘无故遭到安禄山的痛骂和鞭打，安禄山还恶狠狠地对李猪儿说："我不收留你，你早死了，现在我就是要了你的命也是应该的。"

严庄和李猪儿同病相怜，他们担心有一天安禄山会杀了他们，便勾结安庆绪，3人合谋，将安禄山杀死在床上。

安禄山自恃对严庄和李猪儿有恩，就无所顾忌地对他们凌辱惩罚，而又不加丝毫防范，这是他对人缺乏了解的缘故。他施恩的用心并不真诚，严庄和李猪儿既已明白，他们当然会怨恨他了，对他不利便是很正常的了。

施恩不图报答，恩情才显得可贵。给人恩惠不论多少，重要的是，不是为了索取。一个人无私奉献之后，他的道德境界就会提升，到了一定的高度之后，他这个人便会高尚起来，面貌焕然一新。

第八章　助人乐人恰到好处
——乐于助人，巧于乐人

无悔地付出乃是制胜之道

除了付出之外，没有其他的捷径可以获得成功。无论你是普通的一员还是有身份和地位的人，多付出一点点都可能为你带来好人缘，使你成为声誉卓著的人物。

下面的这个故事，说明了这样做的诸多好处。

很多年前，一个暴风雨的晚上，有一对老夫妇走进旅馆的大厅要求订客房。

"很抱歉，"柜台里的人回答说，"我们饭店已经被参加会议的团体包下了。往常碰到这种情况，我们都会把客人介绍到另一家饭店。可是这次很不凑巧，另一家饭店也客满了。"

停了一会儿，这个服务员又接着说："在这样的晚上，我实在不敢想象你们离开这里却又投宿无门的处境。如果你们不嫌弃，可以在我的房间里住一晚，虽然那不是什么豪华套房，但却十分干净。"

这对老夫妇显得十分不好意思，但那个店员却说："我今晚就待在这里工作，反正晚班督察员今晚是不会来了，所以你们不必在意。"于是，这对夫妇谦和有礼地接受了他的好意。

第二天早上，当老先生下楼来付房费时，那位服务员依然在当班，但他婉拒道："我的房间是免费借给你们住的，我全天候待在这里，已经赚取了很多额外的钟点费，那个房间的费用本来就包含在内了。"

老先生说："像你这样的员工，是每个旅馆老板都梦寐以求的，也许有一天我会为你盖一座旅馆。"

年轻的服务员听了笑了笑，他明白这对老夫妇的好心，但他只当那是笑话。

又过了好几年,那个服务员依然在同样的地方上班。有一天,他收到了老先生的来信,信中清晰地叙述了他对那个暴风雨夜晚的记忆。同时,老先生邀请这个服务员到纽约去看望他,并附上了一张来回机票。

几天后,服务员到了曼哈顿,在坐落于第五大道和三十四街区的豪华建筑物前见到了老先生。老先生指着眼前的大楼解释说:"这就是我专门为你建的饭店,我以前曾经对你说过的,你还记得吗?"

"您在开玩笑吧?"年轻的服务员不敢相信自己的耳朵,显得很慌乱,并略带口吃地说:"您把我搞糊涂了!为什么是我?您到底是什么身份呢?"

老先生很温和地微笑着说:"我的名字叫威廉·渥道夫·爱斯特。这其中并没有什么阴谋,只是因为我认为你是经营这家饭店的最佳人选。"

这家饭店,就是后来著名的渥道夫·爱斯特莉亚饭店的前身,而这个年轻人,就是乔治·伯特,他是这家饭店的第一任经理。

在当今社会中,感恩图报是一般人都有的普遍心理。假如你能让别人欠你一份人情债,十有八九都会得到对方的报答。你可以无意识地这样做,也可以有意识地这样做。但不管怎样,你都不必刻意等待报答的到来。

当然,有时候这需要你做出额外的付出。而在更多的情况下,你可能只是送一个顺水人情,根本不需要作出牺牲。

不过,你一定要像乔治·伯特那样有爱心才行,试想一下,如果他在老先生付房费时坦然收下了,那么先前的那一笔人情债也就不复存在了。这就是巧妙之处。

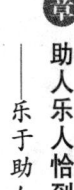

乐于善事，获得精神的财富

假如有一天钱赚得够多了，你就会感觉到钱并非很重要。这句话显得很有哲理，一般人是无法体会到的。但如果我们了解有钱人的生存背景以及文化渊源，我们就会有所理解。事实上，有钱人是最懂得赚钱的，同时，又是最懂得花钱的，在他们看来，金钱的用处各种各样，这其中也包括慈善用途，因此，他们在想做什么好事时，可以说做就做。

辩证地看，有钱人如此乐于做善事，事实上也是一种生意经。他们大量地捐资为所在地兴办公益事业，会赢得当地政府的好感，对他们开展各种经营十分有利。有些富商由于对所在国的公益事业有重大的义举，获得了国王的封爵，如罗斯柴尔德家族有人被英王授予勋爵爵位；有些犹太商人还获得当地政府给予优惠条件开发房地产、矿山、修建铁路等，赚钱的路子从中得到扩宽。

他们明白，企业与社会的关系，就好像鱼与水的关系。有的人经商办企业，只顾自己赚钱，挥霍享受。这种人往往由于心胸狭小，到头来不见得能把企业做大。而一些大企业家在事业取得一定成功之后，总忘不了回馈社会，积极主动地去承担社会责任。

有钱人的这种以善为本的情怀是许多优秀的商人所固有的。例如，中国台湾富翁王永庆在这方面也总是不遗余力，堪称典范。从某种意义上说，这也是他赖以取得成功的一种内在素质和基本功夫。

1984年，王永庆和弟弟王永合捐了1亿元台币给社会兴办福利事业，创下私人捐款的最高纪录。

1986年，王永庆70岁时，做了几件有益于社会的大事。

当年，中国台湾地区很多患者需要器官以挽救生命，可是台湾人有全尸的传统观念，不肯把器官舍弃，一定要带着完整的身体入土。他知道了后，公开宣布，在5年内，所有在死亡后捐出器官遗爱人间的人，他将赠给10万元台币作为丧葬补助费，钱虽然不多，但是对提倡捐赠器官的风气却有正面的作用。

在非营利性事业方面，王永庆先后成立了明志工业、长庚纪念医院、生活素质研究中心等，都是以台塑模式来进行管理，因此成效卓著，成为同业中的佼佼者。

在回馈社会、兴办公益事业方面，长庚医院可谓是王永庆的一大手笔，深得台湾人民的赞赏。

长庚医院的设置，大大地提高了当时的医疗科技水平。

医院创院时，面向社会招来寥寥几个医护人员参与开拓工作，其后每年接收实习医师，自行培养成住院医师，最后使其成为主治医师，至今，其主治医师人数已达700多人，构成了非常坚强有力的阵容。后来院方评估嘉云地区医疗资源严重不足，企业又有建厂计划，因而接受企业方面的请求，为了回报社会，王永庆决定前往设置医院，以满足当地医疗服务的需求。

王永庆谈道，依据经验，贫瘠的麦寮地区要提高医疗水准，并兼顾各方面的条件，必须设立一所具有一定规模的医学中心，除了提供当地的医疗服务外，从彰化以南到台南以北，在此一地区内的医疗机构也可以和长庚纪念医院相互配合支援，协同提升整个地区的医疗水准，充分发挥正面效果。

王永庆竭尽心力回报社会的行动，得到了大家的认同。在他的心目中，善举其实也是一种财富，只是这种财富是精神的财富，让人们的精神得到了一种快乐。同时，他的善举也带动了一大批事业有成的富商人士慷慨解囊兴办公益事业。

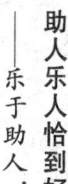

与人分享幸福，会得到更多的幸福

幸福是人人可以得到的，无论年龄、性别、职位；幸福是心灵内在的感触；幸福的人生是人与环境的和谐；幸福是人文与物质的平衡；能与人分享幸福是双倍的幸福；幸福感不仅来自获得，更来自于给予；有爱的人生才是幸福的人生；执著、勇敢、热忱、信念是通向幸福彼岸的诺亚方舟；幸福来自于对愿景的追求。

有一个字谜很有意思："一人本姓王，怀里揣着两块糖。"谜底是"金"。是啊，一个人，无论身处怎样的境遇，只要他怀里揣着两块糖，一块慷慨地赠予别人分享，一块留下自己慢慢品尝，就自会获得快乐的人生和金子般的幸福。在生活中，我们只要与别人分享幸福、分享快乐、分享亲情、分享成功、分享信息、分享甘苦……就会在分享中获得人生的真谛。

《四十二章经》中说："睹人施道，助之欢喜，得福甚大。沙门问曰：此福尽乎？佛言：譬如一炬之火，数千百人各以炬来分取，熟食除冥，此炬如故。"福亦如之。其实幸福是埋藏在每个人心中的感觉，只要你愿意去开启它，愿意相信自己，幸福就会常在。

记得有位作家曾说过："倘若你有一个苹果，我也有一个苹果，而我们彼此交换苹果，那么，你和我仍然是各有一个苹果。但是，倘若你有一种思想，我也有一种思想，而我们彼此交换这些思想，那么，我们每人将各有两种思想。"分享的幸福正在于，它可以使我们拥有更多的东西，而把自己的东西拿来与别人分享的那一刻，不但能体会到分享的乐趣，更能体验到一种满足感。因为分享幸福，你会得到双倍甚至更多的幸福，所以我们也在享受幸福。让我们静静坐下来，让幸福在我们身上停留。

有一位叫智德的禅师在院子里种了一株菊花。3年后的秋天，院子里开满了菊花，香味一直传到了山下的村子里。来禅院的信徒都不住地赞叹："好美的花儿啊！"

有一天，有人开口向智德禅师要几株种菊花，想在自己家的院子里，智德禅师答应了。他亲自动手挑了开得最艳、枝叶最粗的几株，挖出根须送到别人家里。消息传开后，前来要花的人接踵而来，络绎不绝，智德禅师满足了每个人的愿望。可是这样一来，没过几天，院里的菊花就都被送出去了。弟子看到满院的凄凉，忍不住说："太可惜了！这里本来应该是满院的香味啊。"智德禅师微笑着说："这样不正好吗？因为3年以后就会是满村菊香了啊！"弟子听师傅这么一说，脸上的笑容立刻如菊花一样灿烂起来。智德禅师告诉弟子："我们应该把美好的事物与别人分享，让每个人都感受到这种幸福，即使自己一无所有了，心里也是幸福的啊。"

这个故事揭示了一个道理：什么是真正的幸福？关心爱护周围的人，多为别人着想的人，心中的幸福感最多，因为看到别人的幸福微笑，我们心中自然也会感到幸福快乐。

"友善"就是幸福之源

"机遇、财富，财富、机遇，"人们不停地呼喊、召唤，可它们往往又与那些呼喊者擦肩而过。或许你还有点儿不相信吧：热诚与友善就是幸福之源。

陈玉书在外打工的那段日子，异常郁闷，加之一周的劳累，更显得疲惫了。

一个周末，他来到维多利亚公园放松身心，见一个妇人推着一辆童车在公园荡秋千的地方停下。

孩子很想去荡秋千，于是这位母亲将童车上的孩子抱起来放在秋千的坐板上，去推秋千的摇绳，大概因体弱无力，妇人推了好几次，秋千都荡不起来。陈玉书忙着妇人加力把孩子推了一把，顿时秋千大幅度地荡起来，孩子被荡得高高的，咯咯地笑个不停，这位母亲顿时满脸笑容，两人一面合力荡着孩子，一面闲聊。

闲聊中，陈玉书了解到这位太太是印尼华裔，其夫在印尼驻香港领事馆工作……

大概是与那位印尼华裔相遇的下一个周末，陈玉书又遇见了另一位印尼华裔。这位印尼华裔无意中向陈玉书透露出他最近有一批准备运往印尼的货物，因领事馆的商业签证问题遇到麻烦，迟迟不能起运，时间在一天天地耽误。

陈玉书看到这个人一副苦相，他内心里的"热诚"这一根深蒂固的观念又发挥威力了，脑子里突然灵光一闪，公园里认识的那位太太的丈夫不就在领事馆管这事儿吗？对，去找那位太太说说，看她的丈夫能否帮上忙。

于是，陈玉书从这个人手里接过文件，然后带上礼物，来到那位太太的家里。

这位太太见陈玉书上门求她帮忙，想起那天孩子在公园荡秋千时他那副热心助人的镜头，太太没有犹豫，便将陈玉书引见给她的丈夫。太太的丈夫见陈玉书是太太引见的人，便热情地接待了陈玉书，并向陈玉书了解了那个人不能办商业签证的原因，第二天帮其补办了一些手续，很快就把商业签证办妥了。

当陈玉书将办好签证的喜讯告诉那个人的时候，那个人高兴得跳了起来，且情不自禁地问他："我给你5万元钱谢礼，够不够？"陈玉书做梦也没有想到一次小小的帮忙，能够得到这么大的回报，他激动地说道："够了！够了！"

那是20世纪70年代初期，这5万元的酬金，可抵得上陈玉书当时年薪的100倍。得到这笔重礼，陈玉书人生的航向也改变了，开始涉足商海，后来成为世界享有盛名的景泰蓝大王。

很多人都将他的成功归结为"友善"两字，他也说，友善，也是一种正确的观念，就是幸福之源。

友善是人内心深处的一种本质，它并不需要你刻意地去为之奋斗，只要在别人有困难时，如陈玉书那样推一把；在别人受冷落时，如年轻店员那样打声招呼聊会儿天，并不是有什么所求与目的，是发自内心的友善。其实友善也是幸福之源！

分享财富是心灵上最大的幸福满足

如果你研究过有钱人的创富过程，你会发现他们总是在分享财富中获得心灵上最大的幸福满足。

这些人对于他们的成功有着深深的感激，非常了解他们的责任。值得注意的是，并不是说所有的有钱人都应该负责处理他们的钱，而是说所有幸福的有钱人，都应该以负责的态度处理他们的钱。

有权力及有本事赚很多钱的人，也有义务关心那些收入较少的人。钢铁巨头卡内基有句话刚好切中要点："多余的财富是上天赐予的礼物，它的拥有者有义务终其一生将它运用在社会公益事业上。"

当一个人的资产达到了一定数量时，从某种意义上说，这份资产已不仅仅属于他个人，更属于整个社会。

许多持有消极心态的人常说："金钱是万恶之源。"而一些有钱人说："贪钱是万恶之源。"这两句话虽然只有一字之差，含义却有着很大的差别。

随着社会的不断发展，人们对生活水平的要求不断提高。现实生活中，我们每个人都承认，金钱不是万能的，但没有金钱却又是万万不能的。在现代社会中，金钱是交换的手段。

金钱可用于干坏事，也可以用于干好事。说到这里不能不提到下列这些人：亨利·福特、威廉·里格莱、约翰·洛克菲勒、安德鲁·卡内基。

这些人建立了一些基金会，直到今天，这些基金会还有总计10亿美元以上的基金，基金会拨出的金额专用于慈善、宗教和教育。这些基金会为上述事业捐助的金额每年超过了2亿美元。

这些人之所以伟大，是因为他们能同别人分享他们所拥有的金钱，同时也就与社会分享了其他财富。

在20世纪初，许多曾使美国工业蓬勃发展的大人物开始陆续离开人世，他们的庞大的家产将落在谁的手中，不少人都极为关心。人们自然也以极大的热情关注着小洛克菲勒。

此时，在老洛克菲勒晚年最信任的朋友和牧师的建议下，老洛克菲勒已先后分散了上亿美元巨款，分别捐给学校、医院、研究所等，并建立起庞大的慈善机构。

这就给小洛克菲勒提供了一个机会，他也牢牢地把握住了这一机会。

1901年，小洛克菲勒应慈善事业家罗伯特·奥格登之邀，和50名知名人士一起乘火车考察南方的黑人学校，回来后写了几封信给父亲，建议创办普通教育委员会。老洛克菲勒在接到信后，就给了1000万美元,一年半以后,继续捐赠了 3200 万美元。在往后的 10 年里,捐赠额不断增加。

在洛克菲勒的慈善机构中,小洛克菲勒最关注并最有情感的是社会卫生局。

1909 年,纽约市市长竞选活动中一个主要的争论问题是卖淫问题,结果是成立了一个大陪审团调查买卖娼妓的生意。被人们看做"好好先生"的小洛克菲勒,应邀当上了这个大陪审团的陪审长。

他接受任务后,就把全部精力都扑上去,不分白天黑夜地工作,制出了一份详细报告。报告建议组织一个委员会来处理这个社会弊病,但纽约市长拒绝成立委员会,于是,小洛克菲勒决定自己干下去。

1911 年,他建立了社会卫生局,投资 50 多万美元。

小洛克菲勒最大的一项义举是捐资恢复和重建了整整一个殖民期的城市——弗吉尼亚州殖民时期的首府威廉斯堡。那里的开拓者们曾经最早喊出"不自由,毋宁死"的口号。

小洛克菲勒说:"给予是健康生活的奥秘……金钱可以用来做坏事,也可以是建设社会生活的一项工具。"

财富的支配者认为,拥有无数的钱是你的资本,然而,你可以作出更加伟大的决定——与社会共享你的财富。这样,你会生活得更加愉悦和幸福。

持续的奉献,永恒的快乐

一个人生活在世上,渺小如大海里的一滴水,但只要对社会、对国家、对人们有奉献的意识和行动,真心真意地付出,即使是一滴水,也

第八章 助人乐人恰到好处
——乐于助人,巧于乐人

能折射出太阳的光芒，成为最美丽的风景。而自己，也会在这奉献中体会到快乐与幸福。

有一种付出同时也是收获，有一种奉献充满了快乐。是的，我们如此欣慰地发现，奉献、友爱、互助、进步的精神被越来越多的人所接纳认同，当越来越多的人以各种方式实践着奉献精神的时候，当个奉献者成为一种文化与时尚的时候，生命也因此更加充满光彩，这个城市也正变得越发的可爱与温暖。

他是美国最富有的400人之一，却常常得不到快乐，他说："一些人毕生都在追逐金钱，绝大多数时间却一无所获。另一些人挣的钱多得花不了，自己却活不过他们开的那些公司。这两种人都在朝着他们所认为的幸福不停地劳作。但是他们都错了。"

事情发生在1999年，肯尼斯·贝林乘坐私人飞机到了罗马尼亚。在当地一家医院里，71岁的贝林第一次把上了年纪的残疾人扶到了轮椅上。从那一瞬间起，两个人的命运发生了改变。

贝林来非洲之前，圣徒慈爱协会专门找到他，希望他能够用私人飞机顺路带些捐赠物品到罗马尼亚，包括肉罐头和6把轮椅。坐上第一把轮椅的老人，他妻子过世了，他又中了风不能行走，如果没有轮椅，他只能永远待在屋子里。

"他老泪纵横，并且告诉我说：'现在，我可以走出院子，和邻居们一起抽袋烟了。'我只不过把他扶上了轮椅，但就好像帮他恢复了生活的快乐。"77岁的贝林接受《英才》专访时说，"生平第一次，我感受到了快乐。为了保持那种感觉，我愿意尽我所能去做任何事。"

罗马尼亚之行，点燃了贝林从事慈善事业的激情，接下来的几年里，他频频地光顾非洲的医院、东欧国家、阿富汗以及中国、印度、越南等国家。2000年，贝林创立了轮椅基金会。根据其网站数据，截至2005年5月，轮椅基金会向全球130多个国家，捐赠了超过37万把轮椅。

直到晚年，贝林才找到了自我实现的途径。在《为富之道》一书中，贝林讲述了他如何从大衰退时代的穷孩子，到成为美国最富有的400人之一，再到成为慈善家的经历。

1928年，贝林出生在美国威斯康星州的农户家里，他的祖父母是从普鲁士和瑞士移民到美国的。贝林的家境很贫困，他父亲一小时挣25美分，他母亲帮别人洗衣服、打扫卫生，两人用微薄的收入支撑着整个家庭。"我在中学之所以热衷于橄榄球，其中一个原因便是学校是第一个让我洗到热水澡的地方。"

"我是自己成长的。我的父母让我自行其是，让我自己作出重大决定，因为他们都在为谋生而奔命，几乎没有时间来管我。我变得有点不耐烦，我不喜欢做穷人，"贝林说，"但是这种经历，使我渴望走出去，而且做什么事情都无所畏惧。"

在7岁那一年，贝林有了自己的第一份工作——卖报纸。每卖掉一份报纸，他就能挣1美分。此后，他又帮助别人装卸牛奶、修剪草坪，并在木场、乳酪厂和杂货店等地方工作。用他的话说，就是"做一切可以挣到美元的工作"。高中毕业以后，他成为二手车销售员，最后成立了自己的汽车经销公司。后来，他变成了房地产开发商，搬到加利福尼亚。27岁那年，他挣到了人生中的第一个100万美元。

他拥有顶级豪宅、世界级经典汽车、私人飞机，在1988年~1997年间他还拥有西雅图海鹰橄榄球队。应有尽有，贝林似乎什么都不缺了。但是，他又总觉得自己生命中缺少了某一样东西。直到他把别人扶上轮椅时，他才找到了这种东西。

当别人坐上轮椅并把便利和自由的意义告诉他时，贝林深受感动。"很多人都告诉我说，这给我们带来了巨大的变化，从想去死到想活着。"他说。

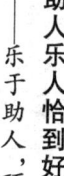

"到发展中国家去旅行,"使我更加感激……自由并非天生而来,我们需要付出代价。我们需要不断地奉献并且不断努力,这么做不是为了得到回报,而是为了享受奉献所带来的快乐。"

"我为自己在找到目标以前虚度了那么多年的光阴而深深遗憾——并非因为我不渴望去寻觅,而是我起初以为钱挣得多就是目标。事实就是,我把梯子靠错了墙,爬到顶才发现错了。"

真诚地付出关怀能聚敛无数人气

一个人如果只顾自己,只为自己打算,那么在人际交往中,就没有吸引他人的磁力,就会使别人对他感到厌恶,就没有一个人喜欢与他结交往来。反之,若一个人要真正吸引他人,应该具有种种良好的德行,自私、卑鄙、嫉妒都不能赢得人心;非但不能赢得人心,还会处处不受人们的欢迎。

鸡和狗在一起闲聊。

"我真的不明白为什么主人这么喜欢你?"鸡心里似乎有些不平衡,"我对这个家也不是没有贡献。我几乎每天都会为主人生一个鸡蛋,可是你呢?你基本上什么都不干,只知道冲主人撒娇。你的那套小把戏一点实用价值都没有,可是主人就是喜欢你这样……唉,主人太没有眼光了。"

狗用力地摇摇头:"不!事情可不是你想象的那样!虽然你每天都生蛋,但是你生蛋后总是叫个不停,就会让主人觉得你想以此换取食物,因而,你的付出就有功利的成分,而不是出于真诚。"

鸡听得目瞪口呆,继续问道:"那你的小把戏就是发自肺腑的吗?

我看也不见得！"

"虽然我不能为主人做什么实际的事情，但是我总是竭尽所能逗主人开心。他回家晚了我会焦急地等待他回来；他生病的时候，我也会黯然神伤，静静地守候在他的身旁；即便是在他最贫困的时候，无法给我充足的食物，我也不曾因嫌弃而离开他。我对他的所作所为完全是没有私心的，主人又怎么会感受不到呢？他感受到了又怎么会不感动呢？那他对我好也就是自然而然的事情了！"

刚说完，主人又在亲切地呼唤狗，打算牵它出去散步了。

狗能得到无数人的喜欢，这多少能给我们一点儿启示——真诚地关怀别人就能获得别人的喜欢。是的，狗对人们友善决不会藏有任何附加的动机，它付出的关怀完全是因为它喜欢你、它关心你，即使你再穷，甚至有时你生气了拿它出气，它也不会因此怀恨在心而离开你。与人交往也是这个道理，你与他人的关系越亲密，你们之间的感情就越深厚。

可见，真诚地付出关怀能敛聚多少人气啊！做到真诚付出你的关怀并不是很难，最基本的做法有以下几点。

首先，说话不要"拐弯抹角"。在与他人交往的过程中，即使你与对方的意见、看法不一样，也不要隐瞒和矫饰，更不要随声附和，或者"拐弯抹角"。因为，这样不仅不利于和对方顺畅的沟通，还会给人一种不诚实和生分的感觉。

纵然是在指出他人缺点和批评过失的时候，也应该真诚而明白地指出来，这样不仅不会伤害对方的感情，反而有助于增进友谊和加深关系。

其次，赞美但不要奉承。当朋友事业有成或者有喜事时，可以在适当的场合和时间给予真心诚意的祝福和赞美，并与之共同分享快乐，但是千万不要认为所有的好听话都会受到欢迎。其实，一个人真正想从朋友那里得到的是善意的忠告和警戒，而不是华而不实的恭维话。很多人

就是从别人说的话中来判断是否和对方成为朋友的。

再次，安慰并给予实际的帮助。当别人遇到困难的时候，给予亲切的安慰和实际的帮助更能体现出一个人的真诚。当对方心情不好或者遇到麻烦的时候，如果你说的既不是安抚和宽慰对方的话，也不是帮助对方解决问题的建议，而是一些不着边际或者无关紧要的话，那别人肯定会觉得你是一个"事不关己，高高挂起"的冷漠者。你怎么对别人，别人也会怎么对待你。从此以后，你就不要指望别人会真诚地对你了。

最后，站在别人的角度上思考问题。不要只想着从别人那里得到关怀，应该多为别人考虑。在你说一句话、作一个决定、做一件事情的时候，需要尽量站在别人的角度上思考一下，顾及别人的感受，衡量别人的得失。只有这样，你才不会伤害到别人，别人也会因此对你心怀感激，把你当做好朋友。已故的维也纳心理学家爱佛瑞·艾德纳，在其著的《人生真义》一书中就曾说过："只有不懂得关怀别人的人，其生活才会面临真正的痛苦，甚至伤及他人。人类之所以充满失败，正是由此所造成的。"

与人交往，如果你能处处表现出关爱别人的精神，乐于助人，那么就能使自己犹如磁石一般，吸引众多的朋友。而一个只肯为自己打算的人，会到处受人鄙弃。

第九章
欲望需求恰到好处
——理性欲望，正当需求

能做到恰到好处的人完全有能力做欲望和金钱的主人，他们能够控制自己的欲望，能够合理地赚取和使用金钱。过于铺张或过于吝啬，都容易被金钱所驱使。对于金钱，恰到好处的人取之有道，而且把它用在有意义的事情上。不管在什么时候，他们都是金钱的主人，而不是金钱的奴隶。他们对自己拥有的东西感到满足与快乐，即使连最微小的期望都无法实现时，他们对目前的状况仍感到满足。其实人生在世，许多美好的东西并不是我们无缘得到，而是我们的期望太高，不要有太高的欲望，否则什么都得不到。恰到好处的人善于控制自己的欲望，懂得见好就收才是明智之举。

记住，其实你已经很富有

当你问不同的人，什么才叫做富有时，有的人会回答说有花不完的钱就叫做富有，有的人会说有健康的身体就是富有，有的人会说有家人陪伴在身边就是富有，有的人会说拥有自由就是富有……所以何为富有，不是用金钱能衡量出的，富有在每个人心中有着不同的定位。其实，富有就是一种心灵上的满足。

对于你来说，什么才叫富有？月薪6000元的工作能让你满足吗？越来越多的人追求的是没有尽头的所谓的"高品质"生活。平房换成楼房还不够，还想买别墅；去娱乐城唱歌不够，还想去打高尔夫；有了液晶电视、笔记本还不够，还想换最新款的手机、最时尚的数码相机；开小汽车不够，还想换霸气的SUV；国内旅游不够，还想去国外Shopping……即便自己已经衣食无忧，也总是哭穷，所以这样的人没有一刻觉得自己富有。

现在很多朋友都成了"穷忙族"。无论是收入尚可的白领，还是普通打工者，都表示生活令自己很疲惫，认为自己已经加入"穷忙族"的队伍了。然而有些人的收入其实并不低，但就是觉得自己很穷，觉得必须要这么忙下去。

在外贸公司当翻译的王女士说，自己月薪5800元，扣除各种保险，每月可供支出的有5000元左右，但就是觉得和别人有很大差距，所以为了加班费，甘愿最后一个下班。

在一家事业单位就职的张斌说，自己每天8点到单位，忙碌一整天，回到家已是晚上近8点的样子，匆匆做饭，哄孩子睡觉，晚上12

点躺在床上时已筋疲力尽。生活虽然不用为一日三餐发愁，但整个人就像一架高速运转的机器，无比疲惫。

黄强在某机关工作，他说自己每个月拿5000多元的工资，在兰州这个城市已经算是不错了，但上有老、下有小的他，要考虑孩子考学、成家、父母的身体状况，未来的开支无法估计，生活的压力让他疲惫不堪。

明明已经过上小康生活，却总把自己当成还在温饱线上挣扎的人；明明已经升到管理层，还是觉得不满意；明明有车有房，却总爱在朋友面前唠叨自己是穷人。到底什么才叫富有？年薪千万？家中有豪宅别墅？还是买辆车跟买手机一样随便？不满足，你永远感觉不到自己富有。

如果你想生活得快乐，那么就学会知足吧！在沙漠里，拥有食物和水才叫富有，它们远比成堆的金钱更管用；在大海上，对于在一艘即将下沉的船上的人来说，拥有救生设备才叫富有；在贫困山区，能拥有一支完好的铅笔和一本干净的作业本，那就是富有。

石油大王洛克菲勒说了一句发人深省的话："我所认识的人中，最贫穷的，就是那些除了金钱之外一无所有的人。"金钱是财富的象征，却并不等同于富有，尤其无法等同于精神上的富有。

有一位青年，老是埋怨自己发不了财，哀叹为什么自己不能成为富翁，终日愁眉不展。于是，他就去找一位智者请教。

青年向智者诉苦道："为什么我的朋友个个都比我有钱，而偏偏我却总是这么穷呢？"

"穷？你一点也不穷！"智者由衷地说道。

"我不能买昂贵的衣服，不能买豪华的跑车，不能去各地旅游，我什么都没有，难道我还不穷吗？"青年一脸愁容地说道。

智者反问道："假如让你入狱一年，给你1万元，你愿不愿意？"

第九章 欲望需求恰到好处——理性欲望，正当需求

"不愿意。"年轻人回答。

"假如让你失去双腿，给你 10 万元，你愿不愿意？""不愿意。"

"假如让你失去你最爱的人，给你 100 万元，你愿不愿意？""不愿意。"

"假如让你马上死掉，给你 1000 万元，你愿不愿意？""不愿意。"青年斩钉截铁地回答道。

智者终于笑了："这就对了，你拥有自由、拥有健康、拥有爱情、拥有生命，你已经拥有超过 1000 万元的财富，为什么还觉得自己不够富有呢？"

青年听了这番话后，突然什么都明白了，于是他不再整天愁容满面，不再发牢骚认为自己一无所有，而是认真开心地过好每一天。

很多人盲目地把拥有多少金钱作为衡量是否富有的标准，的确，金钱是可以让人获得物质上的富足，但精神上的自由、快乐和幸福却是金钱买不到的。

富有来源于内心的满足，怀着无穷无尽的贪欲的人，即使腰缠万贯，也不是一个富有的人。平安是富，无病无灾是富，和睦温馨是富，顺利快乐是富，这些都是金钱所不能买到的。

索求有度，轻松上路

人生就像爬山，本来我们可以轻松登上山顶去欣赏那美丽的风景，但由于身上背负了太重的欲望包袱，带着没有止境的索求上路，我们不但越爬越累，登不上山顶不说，甚至连沿途的美丽风景也会忽略掉，空留一身的疲惫。

从前有一位巴格达商人，一天晚上，他一个人行走在静寂无人的山路上。忽然，一个神秘的声音对他说："请你弯下腰来，拣起路边的几个石子，明天早晨，你将因此得到欢乐。"虽然商人并不相信石子会给他带来欢乐，但他还是弯下腰去，在路边拣了几个石子，然后装入衣袋，继续赶路。

第二天，太阳照到商人身上，商人忽然想起了衣袋里还有石子，于是就掏出来看。当商人掏出第一颗石子时，他一下子愣住了，原来那不是石子，而是钻石！商人去掏第二颗、第三颗、第四颗……发现是红宝石、绿宝石、蓝宝石……

商人开心极了，这么多宝石可以卖多少钱啊！不过转念间，商人又沮丧起来，他后悔昨晚没有多拣几颗石子，多拣几颗，就会得到更多的宝石了！于是商人就这样懊恼了一路，之前的快乐也消失不见了。

一个容易满足的人，所获得的快乐会多得多。当商人发现石子是宝石时，他获得了快乐，但当他开始痛悔昨天晚上没有多捡几颗石子时，快乐已消失得无影无踪。快乐其实很简单，它永远属于知足的人，而不属于贪得无厌的人。

人之所以感到痛苦，原因之一就是永不知足，索求太多不属于自己的东西。因为自己的内心填不满、放不下，我们才时常感觉活得太累。当你真正放下了后，你才发觉所有的苦恼也都被你放下了，你又如原来一样轻松快乐。

有一个人，他穷得连一张床都没有，每天晚上都只能在一张长凳上睡觉。一天晚上，穷人自言自语地说："如果哪天我发了财，决不像那些可恶的富人一样做吝啬鬼……"

这时候，穷人身边出现了一个魔鬼，魔鬼说道："我听见了你的愿望，我可以让你发财。"说完魔鬼就从衣服里掏出了一个魔力钱袋。魔鬼说："这钱袋里永远有一枚金币，是拿不完的。但是，你要记住，只

第九章 欲望需求恰到好处——理性欲望，正当需求

有当你把钱袋扔掉时，才可以开始使用那些金币。所以在你觉得金币拿够了的时候，就把钱袋扔掉。"

说完，魔鬼就不见了，而穷人的身边真的出现了一个钱袋，里面装着一枚金币。穷人把那枚金币拿了出来，再伸手进去拿，里面又有一枚。于是，穷人不断地往外拿金币。整整一个晚上，穷人都在不停地往外拿金币。第二天，金币已有一大堆了。他想：这些钱已经够我用一辈子了。

这时他很饿，很想去买面包吃。但是在他花钱以前，他知道必须扔掉那个钱袋，于是，他便拎着钱袋向河边走去，但是当他扔掉钱袋后，觉得很舍不得，于是又掉头回去把钱袋拿了回来。他又继续从钱袋里往外拿钱。就这样，每次当他想把钱袋扔掉的时候，他就总觉得钱还不够多。

3天过去了，他旁边的金币越来越多，以至于完全可以去买吃的、买房子、买最豪华的车子。可是，他总是对自己说："还是等钱再多一些才好。"

一连5天，他不吃不喝拼命地拿钱，金币已经快堆满一屋子了，但是，他仍然舍不得放弃那个钱袋。他虚弱地说："我不能把钱袋扔掉，金币还在源源不断地涌出来啊！"

最后，他终于因为又累又饿，死在了自己的长凳上，旁边堆放着满屋子的金币。

我们一心只希望拥有得越多越好，爬得越高越好，到头来，我们的心灵却无法得到休息。贪婪是一种诱惑，让我们不知疲倦地爬向那没有止境的深渊。

活得太累的人，只知道一个劲儿地朝前走，而不知道停下脚步歇息，观赏沿途的风景。生活是一次旅行，当我们回首一路走来的路途，有的人的回忆里不但有一生的收获，更有那些鲜活的画面、美好的风景，而有的人却只有花费他毕生时间换来的唯一的果实。索求有度，丢掉那些不值得你带上的包袱，轻松上路，你的人生旅途会更加愉快。

能看得淡、看得透

生活中，很多人经常提到这句话："看得淡、看得透。"这是一句朴实的话语，也是一则内涵丰富的至理良言。有些人认为，"看得淡、看得透"就是淡泊名利，平凡生活，不去追求轰轰烈烈的人生。也有些人认为，这是要求人们安于平庸，甚至是不思进取、浑浑噩噩。以上这两种说法都是不正确的。其实，所谓"平淡"，主要是指心平、淡泊，即心境从容、不急不躁，不大喜大悲、不大起大落，能够入乎其中、出乎其外，不痴迷、不偏执。

生活中，既有阳光普照，也有风吹雨打。人的一生，总要经历和面对这样或那样的得失、升降、荣辱、贫富等境遇。面对这些，始终要有一颗平常心，要能想得开、看得透，静对得失、笑对荣辱。用通俗的话来说，就是赚钱不要掉进钱眼儿里，做官也不要成为官迷。有了这种平常心，才不会迷失方向，不会沉沦堕落；在失意的时候，不会郁闷、悲愤、绝望；在得意的时候，也不会轻浮、膨胀、癫狂。这无疑是人生的大智慧。

有人说，人活着就是活一个心境！的确，你把心态放轻松，把复杂的事情简单化，大事化小，小事化了，就会享受到惬意悠然。不奢求"采菊东篱下"的世外清幽，但要有一颗"春有百花秋有月，夏有凉风冬有雪"的坦然心态。也许你会认为这有些矛盾，既要积极向上，又要坦然如平常人，其实，这并不冲突。有一颗平常心才不会因花开花落而

伤神忧心，才不会因云卷云舒而喜悲。

在平淡的生活中学会自我欣赏，并不是要你"自恋"，也并非效仿阿Q的精神胜利法。时刻劝勉自己，激励自己。送人玫瑰，手留余香。小小地帮助别人一下，内心舒坦，喜悦伴着成就感。虽镜中朱颜渐衰，可精神充实，正是"腹有诗书气自华"，俨然一知性人，不禁得意窃喜。生活中不需要太多的惊喜和新奇，有一两件事能够打动内心就足矣。

平平淡淡犹如一杯温热的清茶，没有人会抢、会争、会夺，让你感到踏实和暖和，感到充盈和实在。平平淡淡又好比一粒芝麻，虽然微不足道，却酥脆香甜、满口留香。平平淡淡是一种超然的人生态度，是一种超脱的精神境界，更是一种真正的美丽！

能看得淡、看得透，绝非主张人要平凡或平庸，它不能成为一些人懈怠懒惰、不思进取的借口。它所告诉我们的哲理是：人的能力大小各有不同，机会、条件也有差别，对人生的追求自然也不同。关键是要从自己的实际出发，不要好高骛远、盲目追逐，应充分享用自然赐予的阳光快乐的生活。

平静而不扰，恬淡而无为

好的生活是内心平静的生活，高层次的生活最明显的标志就是平静。平静使我们从内心的纷扰中解脱出来，不会因这事或那事而烦恼。

平易恬淡就没有忧患，这样邪气才不能袭扰自己的身心。只有这样的人，才能做到德行完备而神情不黯淡。所以说，得道的圣人们生是顺天之运行，死是随万物而化；不为子孙先造下什么福，更不为子孙留下什么祸；有所感才有回应，有所迫才后有动，一切是不得已而后起；丢弃心机，遵守自然规律而行。

简单的生活是快乐的源头，它为我们省去了欲求不得满足的烦恼，又为我们开拓了身心解放的快乐空间！

简单就是剔除生活中繁复的杂念、拒绝杂事的纷扰；简单也是一种专注，叫做"好雪片片，不落别处"。生活中经常听一些人感叹烦恼多多，到处充满着不如意；也经常听到一些人总是抱怨无聊，时光难以打发。其实，生活是简单而且丰富多彩的，痛苦、无聊的是人们自己而已，跟生活本身无关；所以是否快乐、是否充实就看你怎样看待生活、发掘生活。如果觉得痛苦、无聊、人生没有意思，那是因为你不懂快乐的原因！

菲律宾《商报》登过一篇文章。作者感慨她的一位病逝的朋友一生为物所役，终日忙于工作、应酬，竟连孩子念几年级都不知道，留下了最大的遗憾。作者写到，这位朋友为了累积更多的财富，享受更高品质的生活，终于将健康与亲情都赔了进去。那栋尚在交付贷款的上千万元的豪宅，曾经是他最得意的成就之一。然而豪宅的气派尚未感受到，他却已离开了人间。作者问："这样汲汲营营追求身外物的人生，到底快乐何在？"

陈美玲写到："'生活简单，没有负担'，这是一句电视广告词，但用在人的一生当中却再贴切不过了。与其困在财富、地位与成就的迷惘里，还不如过着简单的生活，舒展身心，享受用金钱也买不到的满足来得快乐。"

快乐是简单的，它是一种自酿的美酒，是自己酿给自己品尝的；它是一种心灵的状态，是要用心去体会的。简单地活着，快乐地活着，你会发现快乐原来就是："众里寻他千百度，蓦然回首，那人却在灯火阑珊处。"

因此，纯粹而不杂，以自然的变动来调整自己的变动，这才是最好的养神之道。而这种养神之道最纯洁、最朴素、最基本的要领是什么？那就是专一守神。

专一就是不乱用精神，就是将"神"像藏宝剑一样看守起来。所以，专一于自己的心，守住它而不丧失，与心神合一，这就是大道的基本要领了。

俗话说："众人重利，廉洁的人重名，贤德的人重志，圣人贵精神。换言之，专一于利的是商人或是没发财的众人，专一于廉洁的是政治家，专一于德行的是道德家，而专一于精神的则是圣人。"

平易恬淡才是最美好的生活，只是世人谁都不信，总要弄得生活有波澜、有曲折，才认为那是生活。外在的纠葛、事业的忙碌，心就没有办法安宁，更无法净化；我们在闲暇的时刻，应该抬起头来，看看屋外的松林，听听松涛的呼唤，眺望远处的大海以及扬风的帆船，我们的心会对生命重新看待，得到新的认识。

平和宁静源于淡泊寡欲

人要想在激烈的竞争中，不失去自我，不偏离原来的位置，就要拥有一份站在天外看天空的心境，把一切杂事看做身外之事，坐看人间花开花落，天上云卷云舒，而始终悠然自得。

歌德说："生活本身就是一条河流，它需要激流，但更多的时候，它得平静向前。"

人一旦心浮气躁，必然盲目狂热，希望快速发财，立即成名，就不可能脚踏实地、耐住性子，就不愿意去用脑子想问题、花力气干事情。

其结果是：在物质和精神都毫无准备的情况下披挂上阵，轻狂浮夸，好大喜功，手忙脚乱，仓促从事，草草收场。

浮躁不仅会使人失去思想上的冷静，失去心理上的平衡，更会使人不再用脑子去思想，而是用眼睛和耳朵去思想，看到什么、听到什么就是什么。浮躁的人不再考虑自己的长短优劣，只与别人比较所走的途径和结果。

远离浮躁，才能志存高远。平和宁静的心态来源于淡泊寡欲的心绪，严谨刻苦的治学态度来源于对自身差距和肩负责任的深刻理解，而强烈的求知欲望和责任意识来源于崇高的人生追求和正确的价值取向。只有把理想和追求树立得高一些，把事业和责任看得重一些，把名利和享受看得淡一些，真正坚持不懈地把学习作为完善自身素质的根本途径，才会远离浮躁。

远离浮躁，才能挡住诱惑。现代社会，成功的比例明显增大。这本是好事，可以鼓舞许多人不甘落后的进取心，但同时也会使一些人产生盲目的攀比心理，眼红心动，再也坐不住了。他们不问别人成功背后的艰辛，只图别人令人羡慕的结果，于是自己也做起了"心想事成"的美梦。在他们看来，自己的能力不比别人差，吃的苦不比别人少，而待遇、荣誉、地位却样样不如人，实在冤哉。

实际上，要赶上别人甚或超过别人，有一个前提条件，那就是首先必须远离浮躁。

古往今来，中国人对"淡"的境界可说是情有独钟。"淡泊以明志，宁静以致远"，这是人生最高境界；"大羹以有淡味"，这是品味知味的美食家们的经验之谈；"君子之交淡如水"，这是士人崇尚的交友之道；"品清似水，人淡如菊"，这是超凡之人推崇的品行高洁清雅之气；"不以物喜，不以己悲"，这是忧国忧民者的高洁而伟岸的人生境界！

造就淡泊的人生，并不是鼓吹"苦行僧"式的生活，否定欢乐和享受。它追求的是一种永恒的欢乐，这就需要从平淡的生活中去发掘，并注意积累，以形成深刻的思想内涵。

我们要保持积极、乐观、向上的生活态度。生命太短暂，一生不过短短数十年，哪经得起那么多无谓的折腾。让我们轻轻松松上路，多一些时间来看花开花谢，多一些时间来关照日出日落，多一些时间来走向我们心中的远方。

欲望不能满足，贪念就没有止境

欲望像越滚越大的雪球，蛊惑着人们拼命向前。那种向前能通向幸福吗？幸福的标准又是什么呢？许多人都不知道。人们的心灵被欲望占据久了，都有些麻木了。

有一个从事房地产业的年轻女人，经过几年的打拼，在本地已小有名气了。她每天的生活就像上足劲儿的发条一样，被传真、资料、甲方以及各种方案塞得满满的。

一天，她加班到很晚。从公司出来后，走了很远的路也没有叫到车。走得热了，她停下来，仰头出了口气。这时，她吃惊地看见星星在丝绒般的夜幕中闪烁着，洋溢着一种无言的美丽，一如她大学毕业前的最后一晚，几个要好的同学躺在学校图书馆前的草坪上看到的那样。那一晚，她们深深被血脉中扩张的青春激动着，广袤的星空与未来的前途一片光明。

从那以后，她几乎再也没有时间去注视过夜晚的星空了。因为从她走入社会，她一直保持着弯腰向前奔跑的姿势。太忙了，欲望总在膨胀，目标总在前方，于是她不停地向前奔跑着……

每个夜晚的这个时刻，她多半在应酬或是在作楼盘计划和方案，她从没有想过哪怕透过一扇小窗，去望望宁静的夜空，倾听心灵的一些细小的声音。

今天，当自己站在这静谧的星空下，她突然想起以前在大学看过一位日本餐饮业巨头总结的成功之道：在其连锁店中能提供给顾客的，永远是17厘米厚的汉堡与4℃的可乐。他的研究人员发现，这是令客人感觉最佳的口感。当然，你也可以选择把汉堡做成20厘米厚，把可乐加热到10℃，但它们并不意味着最佳口感。

对于幸福，其实也只要17厘米厚和4℃就够了。幸福，它是一路上持续发生的，就如深夜静谧而美丽的星空所带给人的震撼，而非那个令人疲惫的终极雪球。

幸福到底是什么？许多人都在问，其实得到幸福很简单。听一听自己内心的声音，扔掉那些对自己来说十分奢侈的梦想和追求，那么，你就被幸福包围了。

有位著名的心理学家说："一个人体会幸福的感觉不仅与现实有关，还与自己的期望值紧密相连。如果期望值大于现实值，人们就会失望；反之，就会高兴。"的确，在同样的现实面前，由于期望值不一样，你的心情、体会就会产生差异。

在现实生活中，人们总是喜欢拼命地追求、索取，以为这样便可以得到幸福，殊不知，当你费尽心机地实现了这个目标，消除了一个烦恼，很快你又会有新的没有实现的目标，你又会烦恼。如此反复，永无尽头。

当成龙拍完《我是谁》这部大片之后，在一次采访中说，他拍电影的场地从非洲的荒野到繁华的都市，有着很深的感触。他说："在非洲，人们很容易满足，有面包能吃饱肚子，那就是幸福的一天。可是，

在繁华都市里的人，不用担心三餐，却有着很多的烦恼，他们总是在追求自己所不需要的东西。"

追求幸福最有效率的方法就是"降低你的欲望"。通过心理调节，使自己能够平静地对待目标，从而减轻或消除心理负担，幸福也就会悄然而至。在世界上所有获得幸福的途径中，这种方法的投入产出比最高，它基本上不用你花一分钱，有时甚至能省钱。一位智者说："人生不同的结果起源于不同的心态。"的确，假如世界变得灰暗，那是你自己心中不够灿烂。

冲出贪欲的束缚，拥有自由的天空

人要学会知足，这是构筑快乐生活不可或缺的要素，即便你的境况不那么尽如人意，但只要你把知足放在心中，就能够找到快乐。

人不可缺乏进取心和奋斗精神，但一味地追名逐利反而会得不偿失。只要努力过，且通过努力进步了、收获了，就不要对自己苛求。

知足才能快乐，是一种人性的本真，在孩童时代，我们会为拥有自己梦想得到的东西而喜上眉梢，笑逐颜开，烙下一串串深刻的记忆。今日重温，也许会忍俊不禁。无论行至何方、所处何位，知足永远都是快乐情真意切的延续。

知足就是对已经得到的东西或者达成的愿望感到满足。知足常乐就是客观地认识和准确地判断已经实现的目标和愿望，并充分肯定目前的状态，从而始终保持愉快、平和的心态。

《达到经济自由的九个步骤》一书的作者奥曼，自己买得起劳力士手表和名牌服饰，开得起豪华跑车，也能够到私人小岛度假，却坦白承认她没有满足感，甚至有好友在旁，她仍然感到孤独。奥曼说："我已经比我梦想的还要富裕，可是我还是感到悲伤、空虚和茫然。财富居然不等于幸福！我真的不知道什么东西才能给我幸福、快乐。"

像奥曼那样，为钱奋斗了大半辈子才悟出"有钱买不来幸福"的道理的人不在少数。如果他肯在圣诞假期当中静下心来读读普拉格的《快乐是严肃的题目》这本书，就会感悟出知足才是幸福的奥秘。

没有任何人可以给自己减压，唯有自己，把心态放轻松，把握现在的生活，享受已经得到的幸福。

知足常乐要求我们要有适可而止的精神，它并不是要我们安于现状、不思进取、故步自封，而是对现有的收获充分珍惜，对目前成果的充分享受，也是对现有潜力的充分发掘，为今后的创新和进步提供平台。理性的进取应该以知足常乐的心态为基础。我们在生活中，往往总在考虑自己并未得到的东西，而忽略已经拥有的东西，以达到欲望的满足。不知足导致人们往往会用不正当、不符合伦理的手段达到人们欲望的短暂满足，而由此给人们带来的巨大的精神压力和不良的社会效应并不会带来"常乐"，这正是因为没有适可而止的精神和知足常乐的心态而造成的。

"知足常乐"能使人心平气和，尤其是在遇到不平事、不公平待遇，心里感到委屈、憋闷或心理不平衡时，多想想已经得到的东西，多品味几遍这几个字，也许很快就能使心情轻松平和起来，将心中的不悦之情、满腹怨恨之气，在心平气和中悄悄释放，使心情由坏变好，达到神安气顺。

"知足常乐"能起到开导劝解的作用。记住"知足常乐"这几个字，就会自觉丢掉许多的俗念与贪心，使人变得更加理智与聪明。对人对事、对名对利、对钱对物，目光都能看得更远，并使性格豁达与大度。

第九章 欲望需求恰到好处——理性欲望，正当需求

"知足常乐"又似一剂心灵的良药,很唯物,很现实,也很见效,它告诉人们一个普遍的真理:烦恼多与"不知足"有关。一些心理疾病与精神上障碍的形成,也多与一个人的气不顺、心不平、身心欠调理相连。若一个人能去掉过分的私欲与贪心,变得知足,就会通情达理,就会少钻牛角尖。"知足"是"常乐"的前提,"常乐"是"知足"的结果。两者相辅相成,互为因果。

知足常乐正是一种在无穷的欲望和有限的资源之间建立平衡的力量。其实,知足更是一种智慧,常乐更是一种境界。让我们怀着一颗知足常乐的心,为你现在所拥有的欢呼吧!

快乐之道的根本在我们自己

人生一世,草木一秋,能够快乐的活一生,是每个人心中的梦想。但是怎样才能求得快乐呢?那就是要清醒地知道快乐之道的根本在我们自己。

人的心灵是最富足的,也是最贫乏的。不同的人之所以对生活的苦乐有着不同的感受是因为心灵的富足或贫乏,而决不是任何外物的客观影响,内心的富足才是快乐之道。

快乐之道的根本在我们自己,但在现实中又有几个人能做到这一点呢?许多人原本很快乐,往往由于贪心过重,为外物所役使,终日奔波于名利场中,结果却抑郁沉闷,难以享受人生快乐。

古人云:"养心莫善于寡欲。"我们如果能够把握住自己的心,驾驭好自己的欲望,不贪得、不觊觎,做到寡欲无求,役物而不为物役,生活上自然能够快乐了。

庄子说过:"富有的人,劳累身形勤勉操作,积攒了许许多多财富却不能全部享用,那样对待身体也就太不看重了。高贵的人,夜以继日地苦苦思索怎样才会保全权位和厚禄,那样对待身体也就忽略了。人们生活于世间,忧愁也就跟着一道产生,整日糊里糊涂,长久地处于忧患之中,多么痛苦啊!"

有一个农夫,每天早出晚归地耕种一小片贫瘠的土地,但收成却很少。一位官员可怜农夫的境遇,就对农夫说,只要他能不断往前跑,他跑过的所有地方,不管多大,那些土地就全部归他所有。

于是,农夫兴奋地向前跑,一直跑、一直跑,一直不停地跑!跑累了,想停下来休息,然而,一想到家里的妻子、儿女,都需要更大的土地来耕作、来赚钱啊!所以,他又拼命地再往前跑!真的累了,农夫上气不接下气,实在跑不动了!

可是,农夫又想到将来年纪大,可能乏人照顾,需要钱,就再打起精神,不顾气喘不已的身体,再奋力向前跑!

最后,他体力不支,"咚"地倒在地上,死了!

我们来到这世上时,本来就是赤条条的,一无所有,是上苍赋予了我们生活、亲友以及思想和财物,等等,上苍待我们何其厚?使我们拥有了这么多,又占据了这么多,可是我们却从来也没有满足过,依然在祈求上苍为我们降下更多的甘霖。

如果你想获得什么,不妨看看自己拥有什么,生活中如能降低一些标准,退一步想一想,就能感觉幸福常在常乐。人应该体会到自己本来就是无所欠缺的,这就是最大的快乐了。

生活不可能也不会按照我们的需求来十足地供应我们,于是,我们便失望了,我们便感觉不快乐了。把钱财、家世、容貌视为荣辱标准的人,一般都不知足,越有越想有,越有欲望越盛;欲望太盛,就会生出邪念,为拥有更多的财权欲而不择手段。由敬财、爱财而贪财、聚财、

第九章 欲望需求恰到好处
——理性欲望,正当需求

敛财，甚至于见钱眼开、巧取豪夺、唯利是图、谋财害命。

所以，真正的快乐是内心的满足，而非物质的满足，因为物质是永远无法让人满足的。真正快乐的人知道什么是满足，因为只有在满足中才能体味什么是快乐。

在快乐的人眼里，世界上没有解决不了的问题，没有蹚不过去的河，他们会为自己寻找合适的台阶，而决不会庸人自扰；快乐是一种大度；在快乐的人眼里，一切过分的纷争和索取都显得多余，在他们的天平上，没有比知足更容易求得心理平衡了，这样才会得到一个相对宽松的快乐环境，这难道不值得庆贺吗？

第十章

读人阅人恰到好处
——看清纷扰，无害交友

人要立足于社会，就得有一双火眼金睛。人情世故当中，关键的因素是人，人的性格、品质、说话做事方式等千差万别，且常常以一种与事实不一样的面目出现，只有看得清、认得明，才能交对朋友做对事。选择朋友要经过周密考察，要经过命运的考验，不论是对其意志力还是理解力都应事先检验，看其是否值得信赖。常言道："人心难测。"在识人过程中，如果能够看穿别人的心思，就等于成功了一半。看穿别人的心思，特别是要看穿初次相识的陌生人的心思。这听起来几乎不可能，不过，掌握了正确的方法也就不会那么难了。

识破面具后面的心思

常言道："知人知面不知心。"单从一个人的外在表现来看，很难真正的了解一个人。但是，人们在言谈举止中，会泄露自己的内心世界，如果你能掌握洞察的奥秘，就能够识破别人的心思。

人们常常通过一些表面的言谈举止进行自我包装，这在身体语言学上，叫做"戴面具"。每个人都是一样，无一例外。人们给外界看的面孔多数是另一个面孔，即人们的言谈举止很少表现真我。

人们的外表印象向朋友或者熟人传递着一种人体语言信息。戈夫曼博士观察到，经我们仔细护理并戴在脸上的面具有时会突然松下来，使我们在一种暂时的衰竭状态下显示本来面貌。由于疲倦或愤怒而忘记了继续包装我们的面孔。不妨仔细看看下班后高峰时候坐在地铁中的乘客、公交车上挤满的人，不难发现，人们的存在突然变得不加修饰，他们真实地以各种本来面貌出现。

人们每天都隐藏自己真实的面貌，经过仔细的自我包装，不让人发出体现自我真正意识的信号。人们不断地笑，因为笑不仅表明欢乐，而且用来作为请求、自我捍卫及道歉的手段。

在一家饭馆里，当你必须坐到另一位客人旁边的时候，你的微笑表示："我不想打扰你，但这是唯一的一个空位子。"

在站满人的电梯里你被迫挤了别人，你的微笑意味着："我不想侵犯你，无论怎样请你能够见谅。"

在一辆突然刹车的公交车里，你被"扔"到了他人身上，你以微笑道歉："对不起，我并不想碰疼你。"

人们就这样整天地笑,哪怕很生气、很愤怒,也照样微笑。向顾客微笑、向上司微笑、向领导微笑、向丈夫或妻子微笑、向亲戚微笑、向孩子们微笑,只是人们的微笑很少有真正的意义,很简单,它是人们戴着的面具。

人们的面具不光是戴在脸上,全身都可以作上伪装。这就好似人们装修房子,不仅要装修客厅,而且连厨房、卫生间都要装修一样,假如你读过曹禺的《日出》,你一定记得剧中的人物——42 岁的大丰银行秘书李石清与他太太李素贞的一段对白。这段对白是由李石清叫他老婆去陪他的上司们打牌而引起的。为了老婆能够去陪上司打牌,李石清当掉了自己的皮大衣。当他把 80 块钱给老婆的时候,李素贞硬是不愿意去陪他的上司打牌。

她对李石清说:"你想,在银行里当个小小的职员,一天累到死,月底领了薪水还不够家用,也就够可怜的;下了班还得陪着这些上司们打牌、应酬。孩子生病的时候,没有钱找医生治,还是得应酬。"

听了老婆这些唠叨后,李石清发了一通对社会不满的议论,然后,叹口气说:"要不是为了咱这几个可怜的孩子,我肯这么厚着脸皮拉着你,跑到这个地方来吗?陈白露是个什么东西?舞女不是舞女,娼妓不是娼妓,姨太太又不是姨太太,这么一个贱货!这个老混蛋看上了她。老混蛋有钱,我就得叫她小姐;他说什么,我也说什么;可是你只看见我把他们当做我的祖宗来奉承。素贞,你没有感觉到有时我是怎么讨厌我自己,我这么不要脸,连人格都不顾地来巴结他们!我 40 多岁的人,成天鞠着躬跟着这帮王八蛋,甚至于像胡四这个贱东西,我一个一个地都要奉承,拉拢。我——李石清,一个男子汉,我……"他低下了头。

从这段话中,我们看到李石清"成天鞠着躬"是个外表,内心里充满了仇恨。正如他发脾气时所说:"这个社会没有公理,没有平等。什么道德、服务,那些都是他们骗人。你按部就班地干,做到老也是穷

死。只有大胆地破釜沉舟地跟他们拼，或许还有翻身的那一天！"可见，他的内心是恨上司们，要"跟他们拼"，但这只是给老婆说，一见到上司们，他马上又是"鞠着躬"。

从身体语言上说，李石清所做出的"鞠着躬"的动作，就是一副面具，正是这面具隐藏了他本来的内心世界。

由此可见，人们总是用面具来隐藏自己的真实感受。但是在某些场合，我们会自动拿掉面具，比如在小汽车里，我们的空间变小了，觉得更自由了，于是取下了面具。

所以，千万不要被表面的面具所迷惑。而应从对方的言行举止中，洞悉其内心世界。

人们虽然可以戴上面具，用面具来掩饰自己真正的想法，但却不能掩盖本能的反应。人的面部表情或是肢体动作，其实就是一个反映心中到底在想些什么的"心灵显示器"，注意观察别人在不经意间流露出的身体反应，判断其内心想法。

细心地去品评、洞察他人

受情绪支配的人不能如实地看待事物，因为他们心中只有激情，没有理智。人若都根据自己的情绪和脾气说话，常常会远离真理。我们应该懂得如何辨析人的表情，从而洞察他人心灵深处的东西。

常言道："知己知彼，百战不殆。"办事的时候应该先了解对方，尤其是了解对方的心理，这就需要从洞察他人的性格入手。

很多有成就的人，都曾经使用过一些巧妙的方法，去判断、洞察他人的性情和能力。他们会对对方在一定环境之下的行为进行细心的观察。这种对细微之处的特别留神，用心之苦，用力之勤，是一般人难以做到或者不愿意去做的。这也是他们比常人容易获得成功的重要原因之一。

曾经有一个女雇员回顾美国著名的巨商费尔特招聘她的情景时，感慨万分地说："我从未见过像费尔特那样细心的人，他问出的那些细小的问题简直令人难以置信。他甚至知道我曾在家乡的小镇当过骡妇，并对我饲养骡子的有关细节进行询问。"

费尔特如此细心地去品评、洞察他人，主要是为了了解他所雇用的人的性格特点。正如他本人所说："如果我不亲自去品评、了解、认识他的性格、特点及能力，我将把何种事情交给他做呢？我又怎么能借助他们为我的公司效力呢？"

一般人的性格都是比较稳定的，其动作、表情以及情感在某种特殊场合下已形成固定的习惯，这些习惯就决定了他稳定的办事模式。这些习惯可以说是一个人的特性，而这种特性常常包含在他的动作、姿势、变化的面部表情以及语言与声调里。有的时候，人们会故意调整自己的动作，以免暴露自己的某些特点，但他们常在不知不觉中流露出自己的真实面貌。

比如说，某人有了困难，他是否会退缩？他有毅力去战胜它吗？他想把责任推到别人身上吗？他会勇于承担责任并想方设法来保护与此事有关的其他人吗？最终，这人究竟如何去做，我们一下子是很难断定的。但是，如果我们事先对此人就有所观察和了解，那么至少可以根据他所经历的或者干过的那些事情中寻找线索，找出他有可能对此类问题所做的反应。

有些人比较张扬外露，他们的性格让人一目了然；也有一些人把自己藏得比较深，让人一时很难发现他们的特点。可是很多时候，他们的真实情况依然能够被细心的观察者看得一清二楚，照样可以从中找到成

功办事的突破口。

因此，与人交往，也应当留心对方：他关注的是什么？他常常忽略的是什么？他的喜怒忧愁是什么？什么事情能使他震惊？什么事情会使他发怒？倘若我们能将他人上述的这些特点觉察出来，那么我们就能够推断出在某种环境之下，这个人大概会有怎样的感觉和行动，在办事的时候就能够掌握主动权。

小心警惕那些总是向你提问的人。他们不是问得太多，就是存心找茬儿但又有顾虑。

清楚与你所交往的人的性格，才能看透其真实意图。知因则知果，同样知果则知因。忧郁的人所预想的都是不幸，否定一切的人只看到缺失。他们只想到最坏的，而忽略了眼前好的一面，因此把可能存在的坏事视为必然。

提防小人，才能避免受到伤害

在社会交往中，既要广泛交友，又要审慎选择，一定要交真朋友，防范小人"朋友"，这样才能在社会中左右逢源，朋友遍天下。

前几年，有一句很流行的话，叫做："人在江湖飘。谁能不挨刀。"讲的是人在社会中难免会遇到小人，受到小人的欺侮或陷害。

中国有句老话说："宁得罪君子，不得罪小人。"有时得罪一个君子，反倒结识了一位朋友，而得罪了一个小人，便多了一群敌人，从此一刻也不得安宁。

如果你不想用小人的方法对付小人，也不想被小人所害的话，那就睁一只眼闭一只眼，或者尽量不与小人发生正面冲突。总之，就是在无关原则问题的前提下，不去得罪小人。

唐朝大将郭子仪为大唐王朝立下汗马功劳，他在待人处世中，就是一个特别善于对付小人的高手。他的信条就是"宁得罪君子，不得罪小人"。

在平定了"安史之乱"之后，郭子仪并不居功自傲，反而更加小心翼翼。有一次，有个叫卢杞的官员前来探望生病的郭子仪。卢杞是有名的奸诈之人。郭子仪听到下人的报告，便让妻妾们躲到一旁，他自己一个人在客房等候。待卢杞走后，妻妾们才不解地问郭子仪："以前许多官员前来探病的时候，你从来不让我们回避，为什么卢杞来了，你就让我们都躲起来呢？"郭子仪微笑着说："这个人相貌极为丑陋而内心又十分阴险。你们看到他万一忍不住失声发笑，那么他一定会怀恨在心。如果他将来得势，我们的家族就会被他所报复，到时候我们就要遭殃了。"

郭子仪真的非常有远见，他对小人的心理把握得也极其准确。后来，这个卢杞靠着自己的心计，果然得势，做了宰相。得势之后的卢杞极尽报复之能事，把以前曾经得罪过他的人都想尽办法陷害了，唯独郭子仪毫发无损。这得益于他在对待小人上的过人之处。

对待小人，最好的办法就是要尽可能不去得罪，如果可能，不要和他打交道。如果必须要与小人接触，那么务必要小心，最好不要与其发生正面冲突。

其实小人在实力上并没有多么强大，但他们在做事的时候，为了自己的利益，会不择手段，所谓"明枪易躲，暗箭难防"。如果和小人冲突起来，纵使占了上风，也会付出代价，甚至惹得"一身骚"。

小人存在于社会中的各个方面，他们造谣生事、挑拨离间、兴风作浪，很让人讨厌。有些正直之人对小人恨之入骨，如果身边有小人，必定将其对小人的鄙视表现出来，甚至当着小人的面也毫不留情。这些人

第十章 读人阅人恰到好处——看清纷扰，无害交友

固然可敬，但其做法实在不是明智之举，这种表现会给他带来不必要的麻烦。再坏的人也不愿意被人认为自己"很坏"，总要披一件伪善的外衣。心中有鬼的人最怕阳光，而你却在光天化日之下揭露他的丑行，这会让小人怀恨在心，为了自保，为了掩饰，他会伺机报复。而且他们是在暗处，用的都是我们所不齿的卑劣的手段，这就是小人之所以为小人的所在。

所以，对待小人，还是不要跟他们一般见识，也不要刻意揭露他们的真面目，还是以保持距离为上策。如果小人不招惹你，就不要理他，如果你看到他要去害别人，可以去提醒别人注意，但不要出面揭露小人。

我们选择避开，并不是因为怕，而是因为不值得把太多的精力浪费在一些毫无原则可言的小人身上。如果你一旦把握不好自己的行为，得罪小人，他就会想方设法来算计你，而你为了应付他，必定要分散自己的精力，使你不能安心于自己的正常生活。所以，对待小人，还是少惹为妙。

1. 防范小人才能使你职场顺利。在我们的职场生涯中，大概每个人都遇到过一些人为的麻烦或暗算，因为总有一些人喜欢给我们制造一些让我们过不去的局面，他们或在工作中处处刁难我们，或在我们即将晋升时拖我们后腿……这些人通常被称为小人。具体表现为爱串闲话、挑拨离间、不守信用、好刁难人、两面三刀等，不一而足。在工作中，这些人不仅破坏了我们的心情，也使我们的工作无法顺利开展，职场生涯一波三折。要想在职场中顺风顺水，就一定要防范这种职场小人。

2. 防范小人才能使你生意发达。在生意场中，每个人几乎都在利用他人，并且也在被别人利用，但这种利用是有限的，是建立在互惠互利基础上的，而生意场上的小人则专门以损害别人的利益来满足自己的私利。为了满足自己的私利，他们会去坑、去蒙、去骗、去抢……作为一名正经的商人，要想生意顺畅，就一定要识别这种生意场中的小人，远离他们但不要得罪他们，与这种人划清界限，只有这样，才能保证自己不受伤害，义利兼得。

3. 防范小人社交才能成功。没有朋友，人生孤独无味；没有知己，生存单调无趣。在社会交往中，人人都希望有许多朋友、许多知己，追求情投意合、推心置腹的朋友，能互相帮助，互惠双赢，但若不加以辨别而一概接收，最终受伤的只能是自己。社交中的小人"朋友"由于对你知根知底，害起你来最知道从什么地方下手，最能咬到你的要害处；一旦小人"朋友"盯上你，比仇敌的搏杀更无情，因为他们张开咬人之口，就会准备把你"咬死"，这个伤口也是无法愈合的。

我们在社会上生存，和各种各样的人打着交道，像老话说的那样，"知人知面不知心，"谁也不知道与我们相处的人到底是君子还是小人。许多人正是因为被对方的外表迷惑把小人当成了君子，结果挨了痛苦的一刀。因此说，我们必须时时提防小人，才不致处处被动、挨刀挨宰。

结交朋友需谨慎

选择朋友要经过周密的考察，要经过命运的考验，不论是对其意志力还是理解力都应事先检验，看其是否值得信赖，此乃人生成败的关键。

有的友谊不够纯洁，但能带来快乐；有些友谊真挚，其内涵丰富，并能孕育成功。一个朋友的真知灼见比多人的祝福可贵得多。所以，朋友应该精挑细选，而不是随意挑选。聪明的朋友能为你驱忧除患，愚蠢的朋友则会集忧致患。

会交朋友的人，不仅知道哪些人能交朋友，还知道哪些人不能交朋友。我国著名画家徐悲鸿成名以后，不忘两位黄姓朋友的帮助，用"黄扶"作为自己的别号。真正的患难之交，就是相互携手，你挽我扶，共度人生厄运，共攀理想的高峰。

古希腊哲学家亚里士多德说："很多显得像朋友的人其实不是朋友。"

从前有一个年轻人，整天不务正业，结交了一群酒肉朋友。父亲劝他说："这些人只是贪图我们家里的财富和吃喝玩乐，不要和这些人来往。"年轻人不听，反而说："多个朋友多条路，有事的时候他们会帮忙的。"

于是父亲和他打赌，让年轻人约这些人来家里喝酒。在这些人到来之时儿子躲在屏风后，父亲出面慌张地对他们说："大事不好了，我儿子刚才出去买酒，与店老板争吵起来并杀了他，你们是他的朋友，帮助他逃走吧。"

这群狐朋狗友一听出了这么大的事，纷纷找借口跑掉了。父亲对满脸羞愧的儿子说："我的朋友很少，一生就交了一个半朋友，你去见识一下。"

儿子纳闷不已。他的父亲就贴近他的耳朵交代一番，然后对他说："你按我说的去见我的这一个半朋友，朋友的要义你自然会懂得。"儿子先去了他父亲说的"半个朋友"那里，对他说："我是某某的儿子，现在正被朝廷追杀，情急之下投身你处，希望予以搭救！"这"半个朋友"听了，对眼前这个求救的"朝廷要犯"说："孩子，这等大事我可救不了你，我这里给你足够的盘缠，你远走高飞快快逃命，我保证不会告发你……"

儿子明白了：在你患难时刻，那个能够明哲保身、不落井下石加害你的人，可称做半个朋友。

然后，儿子去了父亲认定的"一个朋友"那里，抱拳相求。他把同样的话说了一遍。这人一听，顾不得思索，赶忙叫来自己的儿子，喝令儿子速速将衣服换下，穿到这个并不相识的"朝廷要犯"身上，而让自己的儿子穿上"朝廷要犯"的衣服。

儿子明白了：在你生死攸关的时候，那个能与你肝胆相照，甚至不惜割舍自己的亲生骨肉来搭救你的人，可以称做一个朋友。

酒肉之交不是朋友，患难才见真情。交友要有分寸，择友要讲究缘分。交友重在相互帮助，相互提高，共同面对人生的磨难，交友不慎会留下终生遗憾。因此，在结交朋友的时候，不能盲目而交，需要在交友过程中擦亮眼睛，善于观察和鉴别。

当人们用正直、诚信、博学多识作为自己择友的原则，而力戒与那些"损者"为友的时候，事实上也在为自己、为对方确立了一个做人的道德目标和行为准则。人们确信，只有自己在道德上努力做到正直、诚信，并且不断追求广博的知识，提高自己的能力，才会得到朋友的认可，也才会受到社会的尊重。

如何识别他人的谎言并使之说出真话

"任人摆布，被人蒙骗，甚至连起码的尊重都得不到……"，这种被他人欺骗的感觉是痛苦的，然而更让我们难堪的是自己根本不知道他人说的话是真还是假，直到某一天他人不想再隐瞒你、欺骗你，所有的谎话大白于天下，给你造成一定的伤害时，这时才恍然大悟。"假如我能早点得知真相、早点看清他在说谎，结果就不会这么惨了。要是世界上有一种测谎仪，那该多好啊！"或许有很多人曾有这样的愿望。

当今社会中，像测血糖仪一样的测谎仪暂时还不是很精确，不过想要知道他人说的是真话还是假话也并不是一件很伤脑筋的事。只要掌控他人的心理技巧，你就可以了解他说话的真实性有多大，任何谎言都逃不过你的火眼金睛。

你只需一个简单的技巧，就能知道他有没有说实话。在任何情况下，你都可以运用此技巧来查出对方是否有些事情隐瞒你。具体做法是这样的：先用一段事实依据做引子，抛一个"费解的谜题"给他人，然后观察"他人"有什么样的应对，成为一个洞悉谎话的高手。

李某就是以此技巧来检测丈夫晚归理由的真伪的。一天晚上，李某的丈夫告诉妻子说朋友拉他去看电影，晚上有可能晚点儿回家，让妻子不用等她，可李某却怀疑丈夫是和女秘书约会去了。

一般情况下，心里有疑虑的妻子往往只会严厉地问丈夫："你真的是和朋友一起去看电影了吗？"然后再大肆警告丈夫说谎的后果有多么的严重。然而，这无异于在敦促丈夫回答"是"，因为假如他说的是真话，他会说"是"；即使他在说谎话，在没有被抓住"尾巴"的情况下，他也很可能将谎话进行到底的说"是"。妻子根本无从分辨丈夫的话的真伪，心中的怀疑仍然存在。

李某的做法与其不同，她运用"费解的谜题"，先抛出一个编排好的"事实"，然后再观察丈夫的反应就可以知道真假了。李某说："老公，刚刚新闻里说，电影院外面发生了一起严重的交通事故，你回来时路上没堵车吗？"接着，她只要静观其变就可以了。

李某给了丈夫一个"费解的谜题"。假如丈夫没有去电影院而是和女秘书去其他的地方约会，那么他就不知道那一场车祸是否真的有发生，往往会有犹豫等反常的反应出现。总之，如果他的反应异常、转移话题或者说出的答案是错误的，那么他也就露出了马脚；相反，如果他很肯定地说没有堵车，那么李某心中的疑虑也就应该打消了。

将一个"费解的谜题"抛给他人，问他人一个措手不及，是测谎所要做的最重要的第一步，这个谜题最好从细节处着手，一定要尽可能的显得真实。据统计，面对这种情况只有4%的人还可以滴水不漏地继续说谎。不过，人通常第一反应是出于潜意识的，很难作假。

如何去识破对方并使他说出真话，关键要掌握以下几点。

首先，要明白怎么样才能使对方解除心中的武装。比如，正在说谎或试图说谎的人在心里一定会先把自己武装起来。"怎样使他去除武装"是关键所在。如果这时候你正面与他发生冲突，他一定会强词夺理把你反击回来。这个道理就与闭得紧紧的海蚌一样，愈急着把它打开，它就闭得愈紧。如果你暂时不去理会它，它就会解除心中的武装，很快它自然而然就打开了。

其次，不要与对方做无意义的争辩，再怎么争论下去也不会有满意的结果。同时，要有效地利用证据。

要使对方说出实话，最高明的手法就是提出有效的证据，尤其是物证，它的效果会更佳。

拿出有力的证据来做武器是识破谎言最好的手法。不管对方怎么去狡辩，只要我们拿出确凿的证据，他就不得不俯首承认。

其重要的一点是必须懂得怎样去运用这些证据，如果运用不当，证据也会失去效用的。对此，我们应当注意的是：时机是否运用得当？假如说事情过了很长时间，我们才拿出证据来印证，那么证据的价值可能就大大的失效了。

假如我们在提出证据之后，还让对方有充分的时间去考虑，也是不妥当的，这样不是又让他获得了一个答辩的机会吗？

那么，证据要同时提出还是逐项提出来呢？此时，需要看证据的价值以及当时的状况来决定。至于我们握有的证据究竟有多少，决不能让对方知道。特别是当你只有少许证据时更要保密。总之，证据是一种秘

密武器，证据愈少愈要珍惜，否则失败的将是你而不是对方。千万记住，不到决定性的时候，不要让对方知道，或者显露自己手中的证据。

另外，在倾听时，你必须一面静听对方的陈述，一面在暗中对照证据；同时，也要考虑对方手中证据的可靠性，使紧握在手上的证据能运用得恰到好处。

以上所说的种种方法，使用哪一种效果比较好，这要似对方的情况而定。有时候，仅用一种方法是行不通的，必须综合运用多种方法才能收到良好的效果。

看穿虚张声势的人

虚张声势就是作出一副与实际情况或心理完全相反的样子，并且力图尽快让人相信，以达到自己的某种目的。

在社会生活中，总免不了碰上有人"叫板"的情况：牌桌上，对手的底牌到底是好是坏；领导的得力干将，严重声明"如果不加工资，他就要辞职"，他会不会真的那样做……这些疑问往往存在于我们的心中。其实，我们只需掌握一个策略，就能让我们不管在什么时候、什么情况之下，都能将虚张声势的人看穿。

虚张声势的人本身就具有很大的心理压力，而你再利用心理策略从外界向他施压，通常就能让他在巨大的心理压力下露出破绽，从而顺利地了解到他心里的真实想法。当某人虚张声势时，往往对自己根本不在乎的事表现得很在乎，而对真正在乎的事却表现得漠不关心。他试图制造一种假象，来掩饰自己心里真正的想法或事实的真相。然而，由于他力图使人相信的并非是真实的，因此在潜意识上他是没有底气可言的，担忧他的"虚张声势"是否会奏效,迫切地希望"速战速决",焦虑"夜长梦多",因此也就表现得非常急切和"矫枉过正"。

同时,你应该注意:在事情有结果之前,虚张声势的人担忧和焦虑都是他竭力隐藏、压抑在心里的不良情绪;而不良情绪持续时间过长,势必会导致人的异常言行。

针对虚张声势人们的心理,以下两个心理策略能让你识破他的虚实。

1. 设定最后行动的时限。时限前不采取任何的行动,只静观其变,让对方自露马脚。

面对自己的切身利益,虚张声势的人是十分在乎的,这正是他们的目的所在,因此很少有人能气定神闲地虚张声势。即使能,也不可能一直保持淡定。换句话讲,你比他更有心理优势,他的心里很"虚",充满了焦虑、担忧、急切,这时,他的心理定力是不如你的,他所设定的认输底线肯定比你的要高,因此,要在沉默中对峙的话,先行动起来的一定会是他。

相反,假如他并非虚张声势,那么由始至终,他都会表现得很从容、淡定,而不会有比平常激烈的反应出现。

2. 打草惊蛇,谋定而后动。虚张声势的人真正想要的是你的妥协,而不希望事情真有那样的结果。假如发现事情有向那方面发展的迹象时,他就很难再维持冷静、从容的表象。

一家律师事务所,有一位合作伙伴对管理者扬言:"如果你不把这个案子给我,我就辞职!"那么他是认真的,还是在说大话吓唬人呢?

为了判定这一点,管理者先要求他给自己一些时间考虑。然后,第二天就打电话给另一位能力足以和他匹敌的律师,聊了很长时间。并且故意让他知道自己通电话的对象,而避开他讲电话,使他对电话内容充满了猜测。

假如他所谓的辞职是在虚张声势,即使不接那个案子也要在律师事务所做下去才是他内心的真实想法,那么看到管理者极有可能开始着手找人替代他的行为,他就很难再保持静默了。为了不落个"接案不成反被炒鱿鱼"的下场,他会更加迫切地想要他的威胁对管理者产生效用。因此,他多半会找到管理者,更加坚定地表达自己的决心,比如他会说:"如果你两天之内仍然不能答复我,我想第三天我就不会再来上班了。"而假如他"不达目的就辞职"的立场是认真的,那么他的表现则会比较平静,因为他要传达的信息已经传达给你,他只是在等你的最后答案。

这样,管理者就知道他所说的是否是认真的了。如果他只是在威胁人而管理者又想留住他,只需要给他一个台阶下就可以了;如果他是认真的而管理者并不想失去他,那么就只能作出一定的妥协了。

总结一下这个技巧的具体做法:(1)给对方一个事情向他最不愿意的方向发展的假象。(2)通过他的反应判定其虚实。(3)决定自己妥协与否。

小心主动帮你忙的人

图谋不轨者善于隐藏其真实意图,本意是要独占鳌头,却常常甘愿暂居第二。在没有人注意到他们的目的和企图之时,正是他们张弓搭箭的良机。既然他们谋你之心不死,你自然该时时常怀防人之心。当他们叵测居心暂时消退之时,应该加倍警惕、用心细察,以识破他们的诡计。

图谋不轨者为了阴谋能最终得逞,往往声东击西,暗渡陈仓。如果他们作出表面上的让步，你切不可轻信松懈。

如果你的死对头出乎意料之外，突然间对你热情起来，想要帮你做事。聪明的你，千万别急着被他拔刀相助的义举而感动，因为，他会如此做，绝对不是良心发现，更不是想以德报怨，而是他不想让你这只原本属于他自己的"肥羊"，成为别人的点心。

李华跟经理的对立，是愈来愈尖锐了，她甚至连张副台长也不放在眼里。

张副台长儿子毕业典礼，记者去做了采访，新闻送到李华的"主播台"上，硬是被李华扔了出来："这是他家的新闻，如果每个学校的毕业典礼都播一段，我们干脆把新闻改成'毕业集锦'好了！"

相反，经理要"淡化"处理的新闻，李华却可能大做文章，硬是炒成焦点新闻，李华说得好："是新闻，就是新闻，遮也遮不住，观众有知情的权利！"

对！观众正是李华的后盾，全市最高收视率王牌主播的头衔，使李华虽然只具有"记者的职能"却敢向老板挑战。

"把她开除！"张副台长终于忍不住，大动肝火地对新闻部主管说。

"我不敢！只怕前一天她走路，后一天我也得滚。"主管直摇头："她现在太红了，每天单观众来信就一大摞。"

"你说她现在太红，倒提醒了我，给她升官，行了吧！"

公司新成立一个部门，由李华担任经理。

消息传出，每个人都怔住了。

"张副台长能不计前嫌，以德报怨，真令人佩服！"

李华真是意气风发，虽然不再播新闻，但是目前职位高、薪水高，而且负责企划一个更大的新闻性节目，谁能说不是海阔天空任翱翔呢？

李华确实是任翱翔。

电视台甚至推荐并资助全部旅费，送李华出国做3个月的考察。

李华回国了，带着成箱的资料和满腔的抱负，开始大展宏图。

只是新闻性节目，总得向新闻部借调影片，一到新闻部，东西就卡住了。

"哈哈！李华经理，你是一个部门，我也是一个部门，你又不属我管，你有你的预算，还是自己解决吧！"新闻部主管笑道。

李华告到了主管节目的张副台长那儿。

"他说得也对，你现在有自己的预算、自己的人手，应该自己解决问题！"张副台长拍拍李华："你们两个不和，我把你调开、升官，不要再斗下去了！"

问题是，新闻不能再"演"一次，过去的资料片找不到，别家电视台更不愿借，李华怎么做呢？加上怕侵犯著作权，李华连从书上拍一张图片，都得付不少钱。李华虽磊落，也徒唤奈何？

部门成立一年，节目筹划8个月，居然还拿不出来，而钱已经不知花了多少。

年终会上，张副台长沉着脸色道："好的记者，不一定能做好的主管！只见花钱、出国，不见成绩！搞什么名堂？"

张副台长终于不得不把李华叫去："你还是回新闻部吧！"

"我希望回去播新闻！"李华说，"那是我的专长。"

"恐怕暂时不行，新的主播表现不错，观众的反映不比你当年差，你还是先做内勤，慢慢来，看编导是不是给你机会。"

李华辞职了，她知道新闻部主管不会给她机会。做过了经理，她也拉不下面子，回去做个职员。

李华离开，报上也登了消息，只是不过寥寥几行，毕竟有负上司器重，做事不能成功而离职，不是什么光彩的事。

李华太过自满自大了些，因为有全市最高收视率王牌主播的头衔，她仿佛是在一人之下万人之上的位置，电视台也似乎成了她的电视台。

这样的举动必然会招致不满。与李华不和的副台长毕竟棋高一着，把李华升了官，台长也留下了以德报怨的好名声。但李华的升官并没有给她带来好运，她实际上是被架空了。最终，她因为得不到发展机会而辞了职。

自大的李华为自己的狂傲付出了代价。

不要以为别人（尤其是你的对手）会真的主动帮助你，天下是不会有无缘无故的"爱"的，他帮你时，你也一定要看清楚了，在他的背后也许正隐藏着什么其他的秘密呢。

找到"珠玑诤言"后面的真相

"珠玑诤言"所蕴涵的真意到底是什么？只有明白了对方心里真实的想法，我们才能有针对性地作出最明智的回应。

社会生活中，碍于情势、面子等，人们往往不会"知无不言、言无不尽"。他说很好，可能心里却认为不值一提；他说还可以，说不定心里已经打了100分；他说不满意，其实并非真的不满意，而是想获得其他好处……

有的人问，人家既然不明说就是不想和你说掏心话了，那么你再努力又有什么用呢？的确，面对这种情况，无论你怎样一而再、再而三地问他："你确定吗？"、"真的是这样吗？"对方都不可能会改变先前的话，都只会将"假话"坚持得更加肯定。想要知道对方的心里话，不用点心理策略怎么行呢？

人们的心理大都会遵循这两个规律：其一是一致性，即人们有"想法连贯一致"的需求。其二是期望，即在没有心理防御的情况下，人们往往会依照他人的期望行事。因此，如果你怀疑对方的"珠玑诤言"

与其内心想法的一致性，不妨将这两个规律技巧性地用上一用。

首先，即使你觉得他说的不是真心话，也不要直截了当地说他在骗人，与他争辩；也不要反复地向他确认，以奢望他改变初衷、说出真心话。这些不仅不能让对方跟你说掏心话，而且还会坚定对方不说真心话的决心。

心理学家认为，正确的做法是赞同他，与他保持一致的观点。这样才能有效地打消对方的心理防御，为接下来的"暗渡陈仓"做好准备。我们"暗渡陈仓"的两个具体做法是：（1）故意把话说一半，利用对方说话连贯性的特点，让他不自觉地说出心里的想法，比如你可以说："我也觉得很不错，不过这里似乎换一种会更好，还有……"（2）用希望把对方的话套出来，比如你可以说："能获得你的认可真是太好了！不过我心里隐隐觉得似乎应该还存在改进的空间，却说不太明白。你是这方面的高手，不如你再帮忙看看吧！"这样一来，他就能自如地提出批评了，因为他觉得你在希望他这么做。

王林与其同事王锋讨论新营销构想，王锋感觉你的建议很棒，但你不确定他是否真的这样认为，又或者认为他有更好的主意，只不过自己藏起来，舍不得告诉你，怕你抢了他的风头。那么，你可以说："你喜欢，那真是太好了！不过我现在担心的是经理们能否'爱'上这个构想，不如你再给我点儿意见吧，以你丰富的经验再加上我的完美理论，双剑合璧的话应该就万无一失了。到时候，我们这个二人组肯定会'走红'哦！"相信，你会得到很好的建议。

有了这些技巧，你还会觉得别人那"珠玑诤言"后面的真相还那么扑朔迷离、难以看清吗？先认可对方的观点，即使你知道那未必是真实的，与对方站到同一战线上，以打消对方的心理防御和心理疑虑，然后再技巧性地提问、阐述，让对方防不胜防地道出内心的真实想法，将"珠玑诤言"后面的真相全盘托出。

第十一章
恋爱婚姻恰到好处
——谈情说爱，经营婚姻

人生的各种不同的变故，是由循环不已的痛苦和欢乐组成的，那种永远不变的蓝天只存在于心灵中间，向现实的人生要求未免是奢望。童话般的国度是不存在的，不用太在意爱情或婚姻中遇到不顺的事情，要"放眼量"，想得开，做个豁达、洒脱的人。不珍惜生活中美好的东西，而无视那些不美好的，心情才会豁达开朗，生活才会更加丰富多彩。

爱情一旦逝去，再挽回已无济于事

男人的花心给女性造成了极大的痛苦，然而有的女性明知道对方已经下定决心要分手，但是仍会依依不舍地难以割舍这段感情。往往在失恋后纠缠不放前男友。而最好的疗伤办法不是纠缠不放，而是快快走出来。

何梅与她的初恋男友黄明是在图书馆认识的，那是多么美好的一天啊。可是，相爱容易相处难，何梅发现黄明并不是她理想的白马王子，他们开始为一点儿小事就争吵不休，见面的时候，战争就开始了，可每次又和好如初，其实，他们心里都知道，这种情况已经严重伤害了两人之间的感情，可是他们都不肯说出分手，因为初恋也有美好，美得脆弱而苍白。就这样，黄明很长时间没有来电话了，直到有一天，电话响起，黄明终于在电话里说出了分手。

何梅知道这段感情已经完结了，她手足无措，心情陷入极度低迷中。但是何梅是个聪明的女孩，不过多久，理智最终战胜了情感。当她看了她的好朋友黄珍给她制定出疗伤处方时，她终于破涕为笑。

处方第一帖：稳定局面

在刚分手的那段时间里，你的人生观、价值观、爱情观可能会发生巨大的变化，你首先必须有心理准备，在你看出有分手苗头时，就应该时刻告诉自己：他随时会向我提出分手，甚至会羞辱我而显示他的强大，尽管这些不能避免，但我一定能找一场悲情电影，趁机大哭一场，先把所有的委屈在不经意中释放，以便当他真的说出坚决如铁的字眼时，心理上有所缓冲。

记住，你绝对不可以在半夜里哭哭啼啼地给他打电话，并诅咒他，这样会让他更看不起你，而且你在事后也会为自己的行为而后悔。也别不停地问对方为什么要分手，他也许会给你一个谎言，你再去揭穿，这样的循环是没有意义的，也会让你心力交瘁。

提示：在享受恋爱的过程中，一定要未雨绸缪，对分手这种事情要有心理准备，当它真的发生了，你的心会好受一些。也不要对他纠缠不休，一个男人对你提出正式分手，无论你怎么挽救都是于事无补，还不如当成一段美好的回忆。

处方第二帖：转移注意力

为什么要待在家里怨天尤人呢？将分手后的所有责任都来背负只会让自己更痛苦。相反，如果你走出去，换个新的发型，开始一段新的人生，你还是依然鲜活。为了鼓励这次重生，去放松一下自己，去做一次美容或SPA，或者买一件很漂亮的衣服。

想一想，他也不是那么完美无缺，要是"宠爱"自己不管用的话，不如进行疏导，写分手日记，将自己的郁闷记录下来，并自我鼓励，相信这次分手并没有什么大不了的。

提示：当你发现全新的自己时，会发现思维方式也成熟了，你再也不是十几岁的懵懂女孩。这次分手也是一场蜕变，最终自己会从卑微胆小的毛毛虫变成无比美丽的蝴蝶。

处方第三帖：对自己好一点

想一想，有几个女孩在失恋后还会保持冷静？但有的女孩子使用的发泄方式非常极端。

生命是可贵的，根本没有必要以生命作为发泄的代价。

你可以采取一些不那么激烈的方法，例如你可以买几个便宜的玻璃杯，摔碎它们，会得到安慰，但不知道是不是真的。你也可以大吃大喝一顿，把保持身材和计算卡路里先丢到一边，这是有科学依据的，人在

吃饱后，身体内会分泌一种能产生满足感的化学物质，从而让你感到不那么难过。当然，吃多了难免又会为身材发愁了，那最好的办法就去运动，用运动的方法来发泄自己的情绪是很好的办法，但要注意避免运动过度造成身体伤害。如果以上的办法都不能帮到你，你就的确需要让自己冷静下来，问自己几个问题，好好反思一下你们的相处过程中的问题，以免下一次再重蹈覆辙。

提示：需要问自己的问题有"我是不是太依赖于他，而失去了个性？""为什么我的朋友都说我太任性？""我以后要找的男朋友是不是一定要比他更优秀？"

处方第四帖：充实自己

如果失恋的阴影一直围绕着你，那么，你需要充实自己来分散注意力，你可以化悲痛为动力，更努力地工作和学习。也可以培养一些兴趣和爱好，参加各种群体活动，比如野营，爬山，蹦极，等等。

你也可以去参加旅行，找一个你一直很想去、但是没有机会去的地方。这个地方也许是你悲伤的终点，也许是你快乐的起点。美丽的风景能驱走你心中的郁闷，也能给你一个更浪漫的梦想。

提示：用分散精力的办法，让自己不会夜夜流泪到天明。

处方第五帖：心理倾诉

大多数情况下，女孩子都拥有自己的小秘密，但这段感情，你也可以和闺中密友倾诉，但一定要选择一个有同情心也能帮你保守秘密的朋友，这样你才能安全地获得安慰。切忌找那些唯恐天下不乱的损友。如果你找不到一个合适的人，那就花点钱去看心理医生。心理医生的职业操守会帮你保密，也会给你更专业的建议。你倾诉的对象应该是一个能成熟分析问题的人，只会指责一方而不能一分为二看问题的人是不能帮你的。

不要凭借自己的主观意愿去认识对方

心理学上有一个著名的"投射效应",说的是个人把自己的思想、态度、愿望、情绪或特性等,不自觉地反映于外界事物或他人的一种心理作用。这是一种持久类行为的深层动力,个体本身并不能意识到。

在夫妻生活中,投射作用主要表现在两个方面:一是人们往往会凭借自身的主观想法去推及外界的事实,不自觉地把自己的心理特征归属到他人身上,认为他人也具有与自己相同的特征。

经常能听到人们很感慨地说:"他(她)是我最亲的人,可是为什么他(她)就是不能理解我呢?"的确,即使每天形影不离地共同生活在一起,要想彼此完全理解也不是一件简单的事情。

或许大家对下面这个故事并不感觉陌生。

曾有一对夫妇在一起生活了几十年,只要哪顿饭有鱼,妻子都会把鱼头夹到丈夫的碗里。一次餐桌上,丈夫实在受不了了,说道:"我不知道你为什么每次吃鱼时都会把鱼头放到我碗里。这么多年来,我一直都想告诉你,其实我并不爱吃鱼头。"听完丈夫的话,妻子愣住了,原来丈夫并不喜欢吃鱼头,只因自己喜爱吃鱼头,所以也推己及人,以为丈夫也一定爱吃,因此,这么多年来,她始终把自己最爱吃的鱼头夹到丈夫的饭碗里。

显然是这位妻子把自己的心理特征归属到了丈夫身上,认为自己喜欢的丈夫一定也喜欢,自己讨厌的丈夫一定也讨厌。以致使关于"爱吃鱼头"的误会持续了几十年。

事实上,任何一个人对生命的体验都会构成一个现象场,然后以它

为参照坐标系去认识世界。因每个人的生命体验不同，所形成的现象场、坐标系自然也就不同。然而，我们却习惯以自己的坐标体系为标准，去推测、揣摩、评价甚至抨击另一个人，却根本没有意识到一开始我们所选的参照物就是不对的。试问，这样他们怎么有可能正确客观地认识他人、理解他人？

对事情的认识也是同样的道理，由于彼此的坐标体系不同，因此认识也就不同，也就产生了意见分歧。

大家都知道，在家庭里，人和人之间相处，理解和接受彼此的感受是家庭获得幸福快乐的关键。然而由于坐标系的不同，真正理解对方是一件很困难的事情。要想理解对方，就必须试着放下自己的坐标体系，尝试着进入对方的坐标系。这是和亲人之间达成理解的唯一途径。

在家庭生活中，常常会出现"亲人不理解我"、"我无法理解亲人"的局面，其原因正是因为人们总是凭借自己的主观意愿去认识对方、随心所欲地和对方相处。我们必须明白，自己对他人的看法并不一定就是事实。也就是说，要想理解亲人，我们首先要做的就是抛弃"自己眼中的就是事实"的想法，然后学着从对方的角度对待问题。具体地说，我们可以从以下三方面进行努力。

1. 多倾听、少出主意

当对方一说到"问题"，我们就赶在第一时间说出我们的看法、提出建议，想着为对方"解决问题"。虽然这是出于关心，但是很多时候却让对方更加郁闷，因为对方需要的或许并不是我们的建议和主意，只是希望通过诉说来宣泄情绪，这时，倾听对方说话是最明智的做法，而出主意只会严重地妨碍理解。

2. 用沟通代替评价

在坐标体系中，我们将自己置于中心，把自己看做唯一主体，会不由自主地把其他人都放在坐标体系上，去分析他们、评价他们，以保持这个体系的平衡，让自己获得安全感和稳定感。然而，在对方的坐标系中，我们是没有评价资格的。这样两个坐标系之间就难免有矛盾产生。要想避免这种矛盾，我们就必须用沟通代替评价，这样不仅能平衡自己的坐标系，而且能平衡彼此坐标系之间的关系。

3. 用询问代替揣测

大多数人都因为和亲人很近，所以自认为非常了解对方。有的人说："他不用开口我就知道他想说什么了。"由于长年累月的相处，习惯了对方的行为模式，是有可能达到这样的效果的，然而，我们真的了解对方这样做时的心理感受吗？大多数时候，我们只是把自身的内心感受投射到对方身上，而没有真正体会对方的感受。因此，从现在开始，停止自以为是的揣测，学着询问对方的感受，了解对方的真实想法。

总而言之，在家庭中，千万不要以自己的尺度来衡量亲人，要学会放下自我偏见，试着从对方的角度看问题、用对方的坐标系来看世界，这样自然就能互相理解了。

在他放手的时候，你也同时松手

一个刚刚与恋人分手的年轻人抱怨：她趁我不在家的时候走的，走的时候把自己的东西收拾得干干净净，连一丝痕迹都没留下。手机倒是没换，也没关机，就是不接我的电话。她怎么能这样无情呢？

是啊，她怎么可以不接你的电话？以前打她的手机，最多响两下她就接了，即便再忙，也没有超过三下，因为她怕你着急。每次出门前，她总会随身带着一块备用电池，因为她怕手机突然没电，无法接你的电话……可是现在，她宁肯让手机爆响，就是不肯随手按一下接听键。她

不怕你着急，不怕你心痛，任由你一遍遍地拨下去，直到把心拨得一片冰凉。她甚至连手机号都不屑于换，她忍心看着你这样抛尽了颜面地纠缠，难道不是在明明白白地告诉你：我还在，但是我已经不爱你了，你何必还要纠缠呢？

分手了，就不要再打电话给她吧，与其这样抛弃自尊落人笑柄，不如干干脆脆地放手。她若爱你，不会忍心看着你为她心痛为她流泪，不会忍心看着你受这样的委屈。唯有不爱，才能狠得下心来，根本不会去体谅你拨电话时内心的期待与焦灼，痛苦和挣扎。她当然知道你此刻焚心似火，可是她已经没有相对应的热情来回应你。没准儿，她身边另有了男人，也难保她不会向身边的人炫耀："瞧，这个男人，都说分手了，电话我都不接了，他还要怎样？真是不可救药……"爱情就像一根橡皮筋，相爱的时候两个人把它拉得紧紧的。不爱了，任何一个人先放手，留下的那一个都会被橡皮筋反弹回来狠狠击痛。

她说："我们还是分开比较好……"你只需轻轻一笑，说："好，走的时候把门锁好，钥匙留下。"

她说："有事儿给我打电话，我的手机会一直开着的。"你只要淡淡地拒绝："不必了，这个电话我不会再打。"

小楠和男友皮特分手了，可是小楠无论如何也想不清楚为什么他会那么狠心地和她分手。

在分手的那一刻，小楠想起了很多事情。以前皮特对她的一幕幕又呈现在了她的眼前。那时候他是多么的宠爱她，每天都是最早起床，然后做好了早点给小楠吃，她都已经习惯了这样的生活了，突然这样的生活不在了，她却觉得无法适应。她还想起了以前的海誓山盟，是那样的真切，小楠不忍心更不相信就这么轻易地分手了。

第一次打电话的时候，皮特只是在那里听，不停地安慰小楠，不停地向她解释。他甚至有点后悔了，因为看得出来，小楠是真的爱他。有好几次他都忍不住想对她说，自己仍爱着她。可是，话到嘴边又放下了。

第二次打电话的时候，皮特的话明显少了，并且时不时地打断她的讲话，显得很不耐烦。这些细微的变化在小楠看来，真是让她伤心极了。

当她还恋恋不舍的时候，皮特就已经挂断了电话，只留下小楠一个人在电话那头惆怅。

第三次打电话的时候，皮特显得极不耐烦，还没等小楠把要说的话说完，其实也没有什么新内容，只是重复以前的话而已，皮特就把电话挂断了，并且无情地对她说："请你以后不要再给我打电话了。"

第四次，第五次，……皮特渐渐地不再接电话了，因为他开始讨厌小楠了。

像小楠这样的女人，非但不能挽回男友的心，反而让男友更加坚定了分手的决心。

要做就做坚强的女人，分手了就不再打电话给对方。

爱情是一场战役，相爱时你的对手是那个男人，分手了，对手就是你自己。战胜自己，把所有他的信息都彻底地从记忆里删去，开始新的生活，你才是真正的赢家。

有一种爱，叫做放手；有一种智慧，叫做微笑。不计较的人，当这样东西还属于你的时候，好好珍惜，多想想他的好；当他想逃离你的时候，也不要死抓不放，放他走，你的幸福就在前方。放手，忘却曾经的海誓山盟；放手，忘却那种撕心裂肺的痛；放手，把更多的爱留给未来。无论在过往的每一日、每一幕，是你错或他错，都不该成为今天惩罚自己的枷锁。

不要恨你爱过的人

　　人在没有找到真爱的时候一定会恨从前的旧爱。当找到真爱、心真的有所归属的时候，他对以前的爱和恨还是很容易宽恕的。

　　生活中，事事难料，不一定每一件都很完美，就像一年当中会有四季，一天当中会有阴有晴，这非常自然。爱情未必是一个完整的故事。一段爱情的完美可能就是一个经典的画面，就是那么几句话，而这个经典的画面可能只是一个美好的回忆，你不要把它当成是一种承诺，当成是两个人之间的约定。

　　每个人都不应该去恨你曾经爱过的那个人。如果是痛苦的，那就把他"埋葬"；如果是痛苦和快乐相伴，那就把他收藏；如果快乐多于痛苦，那就把他珍藏。一个人对旧爱的态度，决定着他新爱的质量。每一个有过很多生活经历的人在谈他过去的爱情时，如果脸上洋溢着幸福，心里充满着激情和缅怀，你有没有想过，其实他是经过了深化，经过了提炼，经过了心中的选择之后才留下了这些美好的记忆。他会忽略许多东西，甚至有意地去遗忘，去埋葬很多不愉快。

　　不要恨你爱过的人，因为那样你就没有精力谈下一场恋爱。你完全没必要咀嚼着从前的甜言蜜语带着眼泪入睡，那有点儿傻，不是吗？

　　不要恨你爱过的人，因为他给你带去过难以忘怀的记忆，其中包括快乐和忧伤，这才是完美的爱情，全面的感受。不要恨他，对你来说，他并非一无是处。

　　不要恨你爱过的人，不要否定他所说过的海誓山盟和甜言蜜语。如果他曾经爱过你，在那些时刻都是肺腑之言，他曾经深爱过，只是一直坚守爱情本来就不是一件很容易的事，不是他当时说过的话不算数了那么简单，他可能也没有想到自己有一天竟然会改变。

不要恨你爱过的人，如果你真心爱过他，就该继续祝福他能得到幸福。

不要做个心胸狭窄的人，不要动不动就怕失去。不要过于相信"曾经沧海难为水，除去巫山不是云"。如果你的爱人离去，你要做的事就是让自己活得更充实。如果你躲在家里伤悲，那是毫无意义的，如果你恨你爱过的人，你将被他拖累终生……

不要恨你曾经深爱过的人，也许他没有准备好与你过左手握右手的日子，也许他性格本身还不安定，也许他有其他你所不知道的原因，但是没关系，优秀的你没必要被这段感情纠缠，没有他你会一样过得很好，要庆幸自己还多了一次重新选择的机会，投入下一次恋情。多年后你会感激他，感激他的放弃成就了你更美丽的未来。

家庭从战争到和平的心理策略

人的心里具有自我保护的本能，而控诉指责很容易激发这种自我保护机制，进而失去原有的理智和冷静。

争吵也是家庭成员间的一种沟通方式，积极的争吵能达到沟通的目的，让彼此越来越亲密；但破坏性的争吵会损害彼此关系，伤害彼此的感情，使温馨的家庭变得让人难以忍受。

生活中，彼此遇到不快，吵一架，算是发泄，也算是交流，关键是要保持争吵的积极性，避免其破坏性，家的氛围才会从战争走向和平、走向美满。

在一个屋檐下过日子，长年累月地近距离相处，家庭成员之间有摩擦是再正常不过的事情。然而，有的家庭却由小吵小闹演变成大吵大闹，甚至家庭关系破裂；而有的家庭却是越吵越亲，越吵越甜蜜。同样是争吵，为什么结果会如此截然不同呢？

如何让不可避免的争吵变成生活中的调味剂？怎样才能让争吵变成一举四得——宣泄情绪、澄清问题、有效沟通、亲密关系呢？这里有一套心理秘笈可供我们参考。

1. 将控诉变为有效的沟通。一味地控诉、指责对方，只会让对方恼羞成怒，使争吵变得激烈、难以控制。

"糖衣炮弹"有时比真枪实弹来得更有威力，因为男人通常是吃软不吃硬的。

张颖打算在同学会上把哥哥介绍给自己的同学，也顺便为哥哥物色一个女朋友，但哥哥却因有事迟到了一个小时，而且简单地打了声招呼后，就匆匆离开了。回到家后，张颖的怒火再也无法抑制了，她开始不停地指责哥哥失礼，控诉哥哥不尊重自己。终于，哥哥再也无法沉默，一场家庭战争就这样爆发了。

要清楚，家不是讲理的地方，而是讲爱的地方。即使你有理，一味地控诉、指责也只会消磨掉对方心中的歉意，当对方心中的歉意消失殆尽、甚至感觉到你太过分的时候，就会进行反击。这样自己的情绪会更加糟糕，非但事情没有得到解决，反而还伤害了彼此之间的感情，真是得不偿失。

其实，在家庭这样一个充满爱的地方，很多时候选择撒娇往往是更有效的方法。

因此，对张颖而言，与其愤怒地指责哥哥，不如对哥哥撒娇，引发哥哥心中的歉意，进而达到有效沟通的目的。她可以这样说："哥，我知道你一定很忙，才迟到的。你这么忙还因对我的关爱而专程赶过来，真让我开心！你知道，你若是招呼也不过来打一声，恐怕我真的很难对同学交代。不过，你下次可不可以更疼我一点儿，不要迟到，也不要来去匆匆？"这样，张颖就从一个歇斯底里、让人讨厌的控诉者变成了一个让人同情的受害人，这也会更有利于进一步的沟通。

2. 争吵中，要就事论事，不要伤及无辜。在与对方发生争吵时，你的大脑就仿佛一个庞大且数据之间广泛横向纵向联系的数据库。只要和对方有关的人，无论是他的父母、朋友，还是同事邻居，一律一竿子打倒。本来只是一个简简单单的意见不合，却因为你的乱开炮，蔓延成无边战火。

在吵架时，举出一大堆陈年旧事，把所有和对方有关的人，比如同事、老板、朋友等人都拖下水，只会将战场无限扩大，为了争吵而争吵，这根本解决不了任何问题。假如你经常范这方面的错误，不妨听一听心理专家的建议：在开战前30秒，先问自己三个问题："我究竟是为什么在生气？""这件事情真的这样糟糕，真的值得我用吵架来解决吗？""吵架真的就能解决问题吗？"很多时候，在回答完这几个问题后，你就能够避免很多无谓的、没有必要的争吵；而且还能让自己冷静下来、找回理智，不致扩大战火。

3. 决不打消耗型冷战。生活中，面对争吵，有一个损招、笨招，很多人都喜欢用，那就是冷战。不正眼看对方、不和对方说话、不和对方待在同一个空间内等。

心理学家指出，各种形式的冷战无外乎出于两种心理，一是为了让对方更加在乎自己；二是为了惩罚对方。显然，无论是哪种目的，你都不可以通过冷战来达到。在冷战中，耗掉的是时间，而冷掉的是感情；用冷战来惩罚对方，何尝不是在惩罚自己呢？

忍让是幸福婚姻中的黏合剂

忍让,能让家庭和睦;忍让,使全家相安无事。虽然学会忍让不是一件简单的事,但我们还是要忍让,因为忍让能为我们带来意想不到的收获。

什么是忍?《说文解字》中解释为"忍,能也"。忍,确实是有能力、有雅量、有修养的表现,它是积极的、主动的、高姿态的。人人都懂得这个理,何愁家庭不和谐幸福?

有一老翁,有子媳各三,但一家相处融洽,终年不见狼烟。一日闲聊时,老翁谈起与媳妇的相处之道。他举例说,一次大媳妇熬了点汤,先盛一碗给他,并半征询半内疚道:"刚才我好像放多了盐,不知您会不会觉得咸了点?"老翁喝了一口,即答:"不会!不会!恰到好处呢!"此后的一次,三媳妇也熬了点汤给他送去一碗,说:"我一向吃得较为清淡,不知您口感如何?"老翁喝了一口汤,忙答:"很好很好,正合我的口味。"结果自然是皆大欢喜。

忍让是通向幸福的钥匙。家庭中的矛盾、分歧很少有原则性的分歧。这时能以"忍"字为先,装些糊涂,表示谦让,矛盾也就烟消云散了。不然的话,就会激化矛盾。其实,是咸是淡,好吃难吃,都不重要,重要的是人与人相处时那种祥和的气氛。

请看下面的故事。

李太太把满满一桌饭菜凉了又热,热了又凉,那可全都是李先生爱吃的。然而李先生早忘了今天是他们结婚5周年的纪念日,而迟迟在外不归。

终于,李太太听到了钥匙的开门声,这时愤怒的李太太真想跳起来把李先生推出去。李先生的全部兴奋点都在今晚的足球赛上,那精彩的临门一脚仿佛是他射进的一般。李太太真想在李先生眉飞色舞的脸上打一拳,然而一个声音告诫她:"别这样,亲爱的,再忍耐两分钟。"

两分钟以后的李太太,怒气不觉降了许多。"丈夫本来就是那种粗心大意的男人,况且这场球赛又是他盼望已久的。"她不停地安慰自己,尔后起身又把饭菜重新热了一遍,并斟上两杯红葡萄酒。兴奋依然的李先生惊喜地望着这桌丰盛的饭桌:"亲爱的,这是为什么?""因为今天是我们的结婚纪念日。"

愣了片刻的李先生抱住李太太:"宝贝,真对不起,今晚我不该去看球。"

李太太笑了,她暗自庆幸几分钟前自己压住了火气,没大发雷霆。

忍让,是家庭和谐幸福的一个必不可少的条件。多站在别人的角度想一想,比如,在家里谁说了几句不中听的话,你不妨想到,他可能为别的事心里不痛快,或许他对什么事产生误会了,或许他天生的直筒子脾气,沾火就爆,过后他会想到自己的不对,或许是因为他年纪小、想事情不周全,等等。这样就理解了,容忍了,也就不会放到心里去。这才是真正的忍,忍了之后,自己的心里也是坦然的、宽阔的、清爽的、平静的。

试想,如果家庭成员之间因磕磕碰碰、丁丁点点的小事,不知忍让,不去克制,便针扎火暴地发脾气、耍野性,这个家庭还有什么和谐幸福可言呢?我们每个家庭当中,夫妻吵架,都是因为这些提不起来的小事儿引起的。你细细想一下,是不是应该像李太太那样忍耐两分钟呢?

家,是人生的安乐窝;家,是人生的避风港。一个家庭想要"家和万事兴",家庭里的成员必须要能相互了解、相互体谅、相互尊重、相互忍让。

恩爱夫妻也要亲密有间

夫妻之间最好是要亲密"有间",让夫妻各自保留心中的一块自由活动的绿地,谁也不要试图挖空心思地去改变对方,而是要设法适应对方,让对方有独立的人格、独特的个性和适度自由的生活圈。如此,才能更加相亲相近、恩爱永恒。

有人认为夫妻之间不应该有什么秘密,毫无保留才能证明夫妻感情的真实。实际上,夫妻之间如果彼此有一点儿私人的空间,不能视之为对爱情的不忠,而是一种夫妻相处的艺术。

夫妻之间应该无所保留,有一位朋友开始是持这个观点的。

夫妻之间真的应该无所保留吗?他有时也怀疑。

夫妻之间应该有所保留!他最终得出了这个结论。

这一思维轨迹是他从自己的亲身经中逐渐悟出来的。

那晚,他去参加一个联谊会,与坐在身旁的一位女士相识。也许是联谊会的氛围易于使人敞开心扉,他们竟一见如故,无所不谈,彼此为结识对方而感到欣喜。

到家后兴奋尚未涤尽,他便与妻子谈及刚才的一切,自然免不了赞扬那位新结识的女士几句,当然言辞中决无过分阿谀之处。他哪里料想到由此会点燃导火线,炸药爆炸了——

"怪不得那么晚回家,与新朋友谈得热乎呢!什么联谊会!婚姻介绍所!"

"呵,婚姻介绍所?参加者差不多全是结过婚的人,鼓励重婚?"他故作幽默,尽力不想使事态扩大。

"差不多。"她虎着脸，"再去联谊联谊，老婆也用不着了。"

"你！你怎么把这么高雅的形式庸俗化了？"不悦之情开始在他脸上呈现。

"我是庸俗，没人家高雅，你找高雅的去吧。"她说着，面壁而卧，表现出明显的生气。

一股无名火倏地从他胸间窜上来。你居然还有权利生气？仿佛我真的干了什么对不起你的事。

"是的。你是庸俗，俗物，俗不可耐！"他吼叫了。

于是，一场无法断定孰是孰非的争吵拉开了序幕。结果两败俱伤。

这以后，他很少与她谈起其他女性，即便谈也十分谨慎，表情淡淡的，语气平平的。

他发现效果不差，他们之间激烈的争吵逐渐消失了。他对自己说：原来有所保留有利于安定团结。他同时发现，自己似乎成熟了不少。

然而夫妻间的安定团结与社会的一般标准不一样！自从实行某方面的"有所保留"后，他竟觉得"无所保留"部分的内涵愈来愈模糊，甚至在被吞噬。他无法妥善地处理好两者关系。渐渐地，他竟感到差不多所有的生活内容都可以"有所保留"了，因为她对他不保留的那些话题并没有多少兴趣，听时懒懒的、漫不经心的。于是，他也就经常"懒懒的"了。

他们相安无事，却过于冷漠。

他尝试着回到"无所保留的时光"，但失败了。积累许久的"有所保留"阻碍着他们走回过去。

他忽然又怀疑了——夫妻间真的应该有所保留吗？

因为眼前的一切与他向往家庭理想境界相去甚远，该怎样去达到这一境界呢？他又很茫然。

朋友的这种生活经历其实具有很大的普遍性。在当今的中国家庭

里，特别是年轻的家庭，"过去的恋人"、"别的男人和女人"、"私房钱与小金库"，应该说是极易引燃夫妻矛盾的"三大地雷"，这些只存在于家庭的琐事，有时弄得夫妻双方争吵不休，沸沸扬扬，甚至家庭的解体。

到底是应该"有所保留"，还是透明无余？生活的道路上既然有了伴，还可不可以有心灵独语？

其实这位朋友大可避免这种"茫然"，寻回夫妻间从前欢乐的"影子"，那就是投其所好，寻找两人感兴趣的共同话题，诸如，持家理财、教儿育女及其他能够引起对方兴趣的话题。这样，"爱"便会重新"火热"，家庭会重新成为有情有趣的"安乐窝"。

恐怕有十之八九的新婚者，都会像那位丈夫起初一样，赞同应该"无所保留"的观点。他们轻松地说："都二位一体了，还需要什么隐瞒避讳？"

可是，话多伤人。"磕"唠多了，无意间，夫妻两人便走进矛盾的"雷区"，走进了"猜忌"、"怀疑"的危险地带：犹如连锁反应，一枚"地雷"引爆之后，其他"地雷"也蠢蠢欲炸。从此矛盾丛生，使本来和谐美满的家庭无端增添了不少烦恼。

其实，说夫妻两人是"二位一体"，不如说是"独联体"更切实际。因为在狭小的两人天地里，无论怎样"一体"，他们总是独立的，活生生的两个人，长着两个脑袋，两副心肠，你愿并非全是我愿，我乐也并非代表你乐。有些话、有些事，也是该说的则说，不该说的就应缄默不言。夫妻间有所保留，这不能视之为对爱情的不忠，这是一种夫妻相处的艺术。

理智放手变味的婚姻

对待婚姻，我们最需要的是给人以放松，不必戴上假面具生活。如果结局注定要离婚，又何必把过程搞得如此艰难。不如表现得洒脱一些、温情一些、理智一些。

有人说，婚姻犹如一双鞋，舒服不舒服只有脚知道；有人说，婚姻是围城，外面的人想进来，而里面的人想出去；还有人说，婚姻就像一堵白色的墙，只有离得很近的人才能看得见上面的斑点……

其实，婚姻什么都不是，婚姻就是婚姻，就这么简单！婚姻就像我们吃饭、喝水、睡觉一样，只是一种需要，一种合乎法律形式的存在！

事实上，就像一个人一样，人不可能十全十美，那么婚姻也不可能达到尽善尽美的境界。你爱一个人，并不一定会和他一起踏上红地毯，走进婚姻那座神圣的殿堂，而和你缔结婚约的，也许并不是你的最爱，只不过是在适合的时间出现并且最适合你生活的那个人，关键是你们能够互相关心相互依赖，而不是像两只刺猬，拥抱得越紧彼此伤害得也就越深。

彼此都拥有对方，彼此也都能清清楚楚地看见对方的缺陷，但彼此都能习惯并接受。

然而，婚姻没有这么简单，尤其当婚姻已经变味的时候，如果不及早说开，那么伤痛只会越来越深。

宋女士，今年42岁，原有一个幸福美满的家庭，一儿一女绕于膝下，和丈夫赵先生经营水产生意。但随着经济收入的增加，赵先生对生活质量也"讲究"起来，常常出没于娱乐场所。渐渐地，赵先生迷失

在外面"精彩"的世界里，不久他与一个歌厅女郎搭识上了，"一见倾心"，常常借口谈生意溜到歌厅女郎那里鬼混。宋女士察觉此事后，曾规劝过丈夫，但她的好言相劝换来的却是一顿顿毒打。

有一天，在外混得一无所有的赵先生回家又向宋女士要钱，宋女士就说了他几句，赵先生抡起拳头就对妻子劈头盖脸地打过去，宋女士被打得晕头转向，匆忙中拿起电话想报警，赵先生冲过去一把扯断电话线，抓住她，对她头部又是一阵猛打。邻居闻讯报警后，赵先生才被吓跑。事发后，宋女士走进了鉴定中心。经鉴定，宋女士的头部、眼部等均被打伤。

从来视离婚为洪水猛兽的宋女士这次坚决离婚，只缘于她在杂志上看到一篇大师论婚姻的文章，大师的至理名言：做一盘菜，哪怕成本昂贵原料难配，但若是原料坏了、变质了，一定要弃之，决不能舍不得，更不能用自欺欺人的方法，兑些黄酒猛料来盖味，须知这样的菜吃了会让人闹肚子，健康受损。婚姻也如此，假若已无法保鲜，甚至还发生变质、产生霉味，对于这样一盘难以下咽的菜还有继续吃下去的必要吗？这样的婚姻还有维持的可能吗？又能维持多久呢？菜变质了要丢掉，婚姻变味了要放弃，须知失去旧的枷锁，才能为未来的幸福和美满留下更多的机会。

一家三口，家就好比口，夫妻是上下的牙齿，孩子是舌头。

走过以风花雪月为粮的浪漫爱情，进入以柴米油盐为基础的婚姻生活，饭碗中时常会冒出粒石子——恋爱中宽容，婚姻中不容的小性子，"嚓"地一下，大倒胃口，美好的东西一下变得索然无味。有时一些饭屑菜末嵌入牙缝，像两人间误会闹别扭等，令人不舒服，必借牙签剔除，不及时排除，任其自然发展，它会在牙缝里变质引起口臭，婚姻变味了。

同居一室，相处久了，会磕磕碰碰，偶然的磕碰一下不要紧，经常的磕碰，舌头会遭殃，在牙与牙的磕碰中受伤。牙齿自身也爱发个病，大致可分为两类：牙齿动摇和松动。牙炎是对对方有些爱又有些失望的病。这种病的病原有些来自自身。治疗这病的良方是：平时储备一盒牙膏，它的内存是彼此的关怀和共度的美好时光，一旦发炎，涂抹患处。

牙齿动摇松动，应该去看牙医，牙医认为他（她）的存在已失去了原有的功能，并且副作用波及整个口腔，应接受牙医的建议；拔除。道理很简单，把一个心在他人身上的人拴在身边，只有痛苦。

许多离过婚的女人在谈及她们的离婚经历时，都感到那简直是一场劫难。这其中经历了争吵、眼泪、伤害甚至仇恨。

不少离婚夫妻围绕着财产的分割、孩子的归属、抚养费等问题，为了各自的利益，互不相让。有的为了打击报复对方，甚至把孩子当成手中的一个筹码，给孩子的心灵造成巨大的伤害。

有的离婚夫妻反目成仇，把离婚过程演变成一场激烈的战争。

在离婚大战中，昔日同床共枕的伴侣转眼间变成了不共戴天的仇敌，这到底是人性的一个弱点，还是婚姻的一种悲哀？且不去探究其中深层次的根源，单就这场"战争"的结果来看，也是得不偿失、后患无穷的。不仅使双方的精神饱受煎熬，更使孩子在父母的互相仇视和争斗中备受折磨、无所适从，甚至误入歧途，成为父母离异的牺牲品。

其实当夫妻的缘分到了尽头，离婚也不失为一种明智的选择。通过协商或法律手段争取自己的应得利益，安排好今后对子女的抚养问题，这不仅可以让自己少一些痛苦的经历，更重要的是让双方不致为敌，给子女在今后获得父母应尽的关爱留下空间。

要做到理智的离婚，下面几点建议或许对将要离婚的朋友有所启迪。

1. 调整心态

先建立"无过失"观念，不要去追究谁对谁错，也别再探讨哪一天、哪一种情况，或是哪一件事，离婚不一定是自己或对方的错，而可

能是缘散了、缘分尽了。

2. 积极沟通

沟通方式，宜采用"书面报告"，避免见面。写信是最冷静的方法，较能心平气和，不容易吵架，更不可能"杀"来"杀"去。写这种信最好能附回邮信封，请对方也用文字表达心境。

3. 尽量避免请别人传话

如果是自己想分手，找亲朋好友也许只会帮倒忙，害人又害己。尤其忌讳找异性朋友跟对方讲。唯一可以找的，就是专业心理咨询工作者，好的辅导人员通常可以协助整理问题，寻找解决问题的方法。

4. 千万不要激怒对方

绝对不出恶言；绝不向对方说"你配不上我"；不批评对方的所作所为；不指责对方的言行举止；不将对方的家人朋友牵扯进来……尽量回避，尽量采取低姿态。请牢记："多说无益！"

5. 不要怕"离婚"

你想想看，三四岁时，你为了上幼儿园，必须和最亲爱的爸爸妈妈分离，而且是每一天都要忍受分离的痛苦。如今，你比三四岁时不知成熟多少倍，而对方的重要性也不能和父母相比。"你必须爱我"，这只是电影中赚人热泪的歌声；真实的人生，你不一定必须要爱我，我也不一定必须要爱你。更重要的是，我们即使不再相爱，也不必相恨！

结婚前睁大你的双眼，结婚后闭上一只眼

婚姻是爱情的延伸，它给爱情一个舞台，让我们在婚姻中扮演夫妻的角色。虽然已经没有浪漫的爱情，有的只是亲人间的舒适、自如、相

依和信赖。能不能保持恋爱时的种种美好感觉，并不重要，重要的是能不能时时顾虑到对方的感受，欣赏对方，使对方快乐。

　　夫妻之间的相处要有糊涂的心态，要睁一只眼闭一只眼。婚前要睁大两眼，婚后要睁一眼闭一眼。睁开的一眼是要欣赏对方的长处，闭上的一只眼是要无视对方的短处。不但欣赏对方的长处，欣赏的能力还不能比别人低。但要注意的是这种欣赏要真诚，无论私底下或在别人面前还要多多夸赞对方。并且你应让你的妻子或丈夫感觉到，你的确很欣赏她（他）。这是保持家庭生活幸福、增进双方感情的有效办法。

　　诸多男子寻求自己的伴侣时，他们不是像在寻找高级职员，而是寻求一个对自己具有诱惑力并愿意奉承他们，从而满足他们的虚荣心，使他们感到优越的人。假如一位女办公室主管应邀吃一次午餐，但她总是将大学时代的那些哲学思想作为谈话的内容，甚至坚持自付餐费，那最后的结果只能是：自此以后独自吃午餐了。反过来说，即便一个未进过大学的打字员，在应邀吃午餐的时候，她能温情地注视着她的男伴，仰慕地说"再给我讲些有关你的事"。最终的结果可能是：他会告诉别人："她不是十分漂亮，但我从未遇见过比她更会说话的人。"

　　女为悦己者容，男性对于女性追求美观及装束得体的努力应表示赞赏。所有的男人都忘了，假如他们曾有过觉察的话，将了解女性如何注重自己的衣着。例如，一男子同一女子在街上遇见另一对男女时，这女子很少看那男子，她会不时地留意看另一女子穿的衣服如何。

　　对许多男人来讲，他们也许想不起自己5年前穿的什么外套、什么衬衫，他们也不刻意去记它们，但女人则不同。法国上等社会的男子都要接受训练，对女人的衣帽表示赞赏，并且一晚不止一次。

　　有这样一段故事，需要我们用心去体会，才能领会到它包含的真理：

　　有一位农家妇女，经过一天的辛苦之后，在她的男人面前放下一大

第十一章 恋爱婚姻恰到好处——谈情说爱，经营婚姻

堆草。当他恼怒地问她是否发狂了,她回答说:"啊,我怎么知道你注意了?我为你们男人做了 20 年的饭,在那么长的时间里,我从未听见一句话让我知道你们吃的不是草!"

莫斯科与圣彼得堡的那些养尊处优的贵族曾有优等的礼貌修养。上层人士有一风俗,当他们享受过丰盛的菜肴后,坚持将厨师召入食堂,接受他们的恭贺。这是一种礼貌和尊重的体现。

你应该听过这样一句话:"好好地捧一捧这位小妇人。"丈夫应该同样的体贴一下你的妻子。下回她排骨做得很嫩,你非常喜欢吃,你就如实告诉她,使她了解你欣赏她的手艺。因为她们都喜欢被人欣赏和称赞。

在娱乐圈,婚姻好像是一件冒险的事,甚至伦敦的劳慈保险公司也不愿打赌,在少数愉快婚姻中,巴克斯德是一个。巴克斯德夫人以前叫勃莱逊,她放弃灿烂的舞台事业而结婚了,但她事业上的牺牲并没有让她失去快乐。"她失掉了来自舞台成功的鼓掌称赞,"巴克斯德说,"但我已尽力使她完全感觉到了我的鼓掌称赞。假如一个女子完全要在她丈夫那里求得快乐,她必须在他的欣赏与真诚中得到。假如那欣赏与真诚是实际的,那他的快乐也就得到了答案。"

因此,要想和你的伴侣幸福的生活,就要给予对方真诚的欣赏,多看闪光点;不要只看缺点,这样你的家庭生活会快乐幸福。

猜疑会让婚姻越来越累

如果你希望自己的婚姻幸福,就要对对方多一点信任、少一点猜疑。遇到什么事情,你可以坐下来和对方心平气和的谈一谈,这才是明智的解决问题的方法。

猜疑并不是女人的专利,很大一部分男人在岁月流逝中逐渐丧失了对自己的自信,同样会对妻子无端猜疑,而猜疑的最终结果就是损害了自己的婚姻。

一个真实的老故事:有一位丈夫发现妻子有个抽屉老锁着,很不放心,于是设法背着妻子打开抽屉,见里面放着一沓信,是一位男人写的,语言相当亲密,看来彼此关系绝非一般。他万万没有想到自己的爱妻竟然瞒着他干这样可耻的勾当,气得如同一头狂怒的野兽,当晚就把妻子给掐死了。不久,他妻子的朋友——一位伯爵夫人来他家,说是曾委托他的妻子存放一沓密信,现在要取走。这下他才明白真相:那些信不是写给他妻子的。他错怪了妻子,追悔莫及。

莎士比亚的名剧《奥赛罗》中描写了国王的女儿苔丝德蒙娜冲破家庭和社会的重重阻力,同奥赛罗这样一个出生卑贱、肤色黑黝的将军结婚。婚后的生活十分美满,然而,奥赛罗部下一个军官尼亚古出于卑鄙自私的目的,编造谣言、制造陷阱,挑拨他们的夫妻关系,使奥赛罗对忠诚纯洁的妻子产生了猜疑之心,在一个漆黑的夜晚竟用被子把苔丝德蒙娜活活闷死了。后来,奥赛罗知道了事情的真相,追悔莫及,自刎于妻子身旁。

多么可悲啊!生活中也不乏因猜疑而损人害己的事例,因此,在婚姻生活中应设法克服这种不正常的心理现象。如何克服呢?

1. 想法不要太主观

一些男人在婚姻生活中之所以常产生猜疑心,一个重要的原因就是在思维方法上主观臆想的色彩太浓,无根据地加强心理上的消极自我暗示。这自然是不好的。解决的方法也简单:那就是多和对方交流思想,交心才能知心。人们常说:"长相知,才能不相疑;不相疑,才能长相知。"这话是很有道理的。夫妻间只有做到襟怀坦白、开诚布公,才能

相互信任。有了这个牢固的基础，主观色彩很浓的猜疑心自然会烟消云散了。

2. 自我暗示要积极

当你对妻子的怀疑越来越重的时候，要尽力提醒自己"刹车"，想办法加上一些"积极的想法"，如："也许是我弄错了"、"她也许不是那种对爱情不专一的人"，等等，以消除自己的怀疑。条件允许时，可作一点调查，以澄清事实真相。

3. 多信任和尊重对方

我国著名电影演员达式常仪态潇洒、风度翩翩，尤其是他塑造了许多栩栩如生的艺术形象后，不少多情的姑娘纷纷写信给他，向他表露衷情，有的还寄上楚楚动人的照片，愿意同他交个"朋友"。达式常把这些信都交给了妻子王文皓，因为他信任妻子。妻子也从来不干涉达式常的拍片需要，不止一次地对他说："片子中该怎么演就怎么演，我相信你！"尽管达式常因工作需要，经常离家外出，同姑娘们打交道的机会也很多，但王文皓从来没有猜疑过。

如果有了达式常夫妇那样的互相了解和信任，猜疑的蛀虫就难以在人们的爱情生活中生存。

4. 不要轻信传言

埃及电影《忠诚》中的卡玛医生，也是在表妹的挑拨下，对妻子产生怀疑，并在一气之下，将妻子逐出家门的。实际上，他的妻子却深爱着他！当时，卡玛医生丢了工作，家庭经济拮据，妻子为了补贴家用，又为了顾全丈夫的面子，就悄悄外出充当富人的家庭护士。她搀扶着的那个男子，就是她的主人：一位有钱的盲人。但是，卡玛医生却认为妻子在背着他偷情。

所以，对于别人的闲话要分析。应该看到，生活中"长舌妇（夫）"确实有，即使有些亲朋好友出于好心，向你通报你爱人的外遇情况，也不能一听就信，因为很难保证这些情况中没有失真的成分。

5. 不要意气用事，而要冷静分析

人在猜疑的时候，容易为封闭性思路所支配。

这时，自己需要绝对地冷静和克制。要多设想几个对立面，只要有一个对立面突破了封闭性思路的循环圈，你的理智就可能及时得到召唤；冷静分析以后，仍然难以解除猜疑，那就应该及时交换意见，从而开诚布公地听听对方的解释。有了猜疑却长期闷在心里，就会越想越气，爱人却感到莫名其妙，结果既解决不了问题，还可能使矛盾进一步扩大甚至恶化，于人于己都不利。